la Coumbu

LA RAMIE

3 74

CULTURE, PRÉPARATION, UTILISATION

INDUSTRIELLE

COMPTE RENDU IN EXTENSO
DES SÉANCES DU CONGRÈS

ET DU

CONCOURS INTERNATIONAL DE LA RAMIE

(Juin-Octobre 1900)

AVEC UNE PRÉFACE

PAR

M. Maxime CORNU

Professeur-Administrateur du Muséum d'Histoire Naturelle
Président du Congrès et du Jury du Concours de la Ramie

PARIS

BUREAUX DE LA *REVUE DES CULTURES COLONIALES*

44, Rue de la Chaussée-d'Antin, 44

1901

BIBLIOTHÈQUE DES CULTURES COLONIALES

LA RAMIE

CULTURE, PRÉPARATION, UTILISATION

INDUSTRIELLE

COMPTE RENDU IN EXTENSO
DES SÉANCES DU CONGRÈS

ET DU

CONCOURS INTERNATIONAL DE LA RAMIE

(Juin-Octobre 1900)

AVEC UNE PRÉFACE

PAR

M. Maxime CORNU

Professeur-Administrateur du Muséum d'Histoire Naturelle
Président du Congrès et du Jury du Concours de la Ramie

PARIS

BUREAUX DE LA *REVUE DES CULTURES COLONIALES*

44, Rue de la Chaussée-d'Antin, 44

1901

INTRODUCTION

Ce n'est pas sans une certaine appréhension que le Congrès et le Concours international avaient été annoncés : depuis de longues années, tant d'essais avaient é é faits, tant d'argent avait été dépensé, tant de publications avaient été mises au jour! Mais depuis les Congrès de 1889 et de 1891, on avait continué à travailler sur tous les points du globe, et de tout cela nul doute qu'il ne dût sortir quelque chose de nouveau.

Des appels furent faits de tous côtés, un peu tardivement peut-être ; les ressources dont le Congrès pouvait disposer étaient bien restreintes ; une mort subite nous privait de l'un de nos plus généreux soutiens; malgré ces conditions défavorables, la convocation eut lieu et on répondit à notre appel.

Le Congrès international de la Ramie en 1900 a réuni bon nombre de personnes s'intéressant à cette question : il a tenu deux sessions, l'une en juin, l'autre en octobre. La première avait en vue de traiter les parties théoriques, la seconde s'est occupée des faits, des expériences et des essais pratiques.

Bon nombre de nations étaient représentées et les séances tenues pendant une période de température extrêmement élevée ont été suivies avec un zèle et une assiduité très méritoires.

Les discussions ont été assez ardentes : on a vu des représentants des opinions les plus opposées soutenir des thèses appuyées sur des faits et des arguments solides.

Le Congrès avait été préparé par une commission particulière composée de spécialistes bien au courant de la question et ces études préparatoires avaient donné lieu à un rapport préliminaire destiné à assurer les bases sur lesquelles devaient reposer toutes les discussions.

L'un des premiers soins du Congrès fut de définir exactement les termes dont on se sert, afin de ne pas commettre d'erreur. C'est ainsi qu'on donna successivement la signification des termes : *lanières brutes, lanières dépelliculées, lanières dégommées, filasse*, etc.

On rejeta le nom de *China-grass* qui désigne un produit spécial obtenu par les Chinois et qu'on a appliqué parfois à tort aux lanières préférées en Europe : ce terme doit être réservé aux produits venant de Chine et mis en circulation par le commerce.

Puis on entra dans le vif de la discussion où se produisirent des incidents tout à fait imprévus.

Mais pour pouvoir les exposer clairement, il est nécessaire de rappeler brièvement les faits et les événements qui ont précédé le Congrès de 1900 ; il convient de montrer quel était alors l'état des esprits et le chemin parcouru par l'opinion sous la pression de tentatives industrielles plus ou moins heureuses faites en faveur de l'utilisation de la Ramie.

*
* *

L'écorce de la tige de Ramie ne peut être débarrassé des parties étrangères aux fibres par une opération de rouissage, comme le lin ou le chanvre. Il faut opérer autrement.

Ces matières sont de deux sortes : la *pellicule* (épiderme plus ou moins transformé) et la *gomme* proprement dite (tissus spéciaux desséchés et concrétés par la dessiccation). Il est nécessaire de les enlever.

Les Chinois et les Annamites les enlèvent plus ou moins complètement à la main par une opération préalable de grattage : on opère en Europe par des procédés chimiques.

Les recherches relatives à ce problème ont été poursuivies avec succès par M. Frémy et surtout par son collaborateur M. Urbain qui les a amenées à un haut degré de perfection. Pendant longtemps la purification des fibres a été un obstacle de premier ordre à l'utilisation de la Ramie. L'enlèvement de la gomme et surtout l'enlèvement de la pellicule ont constitué des difficultés presque insurmontables, de telle sorte qu'il fallait une action chimique des plus énergiques, qui, souvent, dans les procédés qui cherchaient à être à la fois simples et économiques, entamait la solidité de la fibre.

Les divers procédés de décortication de la Ramie enlèvent une plus ou moins grande partie de la pellicule.

La méthode d'opérer des Chinois (qui consiste en un grattage à la main des tiges à l'état vert) l'enlève complètement, aussi le China-grass est-il relativement facile à dégommer.

Si l'on fait sécher les tiges avant décortication, l'action mécanique suffit pour faire disparaître en poussière une grande partie de la gomme et la presque totalité de la pellicule dont il ne subsiste que des traces; le peignage enlève le reste. Il ne reste plus qu'à achever de dégommer.

Quand la pellicule est demeurée, au contraire, et surtout quand, après décortication en vert, l'écorce a été desséchée, l'opération de purification est très difficile; elle exige l'emploi de solutions alcalines très énergiques qui altèrent la fibre, ou bien il faut se servir de solutions faibles, au-dessus de 100°, c'est-à-dire sous pression, à l'aide d'un autoclave, ce qui complique beaucoup les opérations.

En résumé, voici donc quelle était la position de la question.

La *décortication* des tiges *sèches* de Ramie permet par un moyen mécanique d'obtenir une filasse en partie dépelliculée et dégommée que le peignage améliore beaucoup.

La *décortication* des tiges *vertes* exige l'emploi d'un autoclave pour dépelliculer et dégommer, si l'on ne veut pas altérer les fibres.

Le *China-grass* importé de l'Extrême-Orient n'exige pas l'autoclave et se dégomme bien plus aisément, mais le commerce n'en fournit pas d'une façon régulière et assurée.

A la suite des expériences faites en 1888 et l'année suivante à l'Exposition universelle, sous les auspices du Ministère de l'agriculture, à partir de 1889 une opinion paraît s'imposer par la force des faits : la solution du problème semblait être *l'obtention d'une production aussi semblable que possible au China-grass à l'aide de machines.*

Les filasses obtenues par le moyen des tiges desséchées paraissaient ressortir décidément à un prix trop élevé pour pouvoir être utilisées économiquement et l'industrie ne pouvait être alimentée que par l'Extrême-Orient à l'aide du China-grass; c'est ce produit qu'il fallait pouvoir fabriquer mécaniquement, c'est à cela que les inventeurs devaient à toute force parvenir.

En 1891, un concours établi par la Société des agriculteurs de France fit connaître les résultats déjà obtenus; ils étaient très encourageants, mais non encore suffisants; on était encore bien loin du China-grass objet de tous les désirs; il fallait continuer les efforts.

Il n'y avait qu'une voix pour cela : tous les industriels, tous ceux qui s'occupent de la Ramie réclamaient la possibilité de faire mécaniquement du China-grass. La préparation des fibres par le moyen des tiges desséchées était abandonnée par l'opinion et par les inventeurs.

Poursuivis pendant plusieurs années avec persévérance, ces efforts furent enfin couronnés de succès; nous possédons une machine dont le travail est remarquable et fournit des lanières qui constituent de magnifique China-grass. La valeur de cet appareil a été reconnue, elle est appréciée et il en existe déjà un certain nombre qui sont utilisées dans les régions tropicales de l'Extrême-Orient.

On pensait généralement que l'industrie avait fait un pas définitif et que tout le monde s'accorderait à trouver que la question était bien près d'être résolue.

.

Mais si les recherches s'étaient poursuivies dans le sens de la décortication en vert, la décortication en sec avait été reprise d'autre part, de plus, l'industrie linière, qui ne s'était jamais désintéressée de ce textile, avait continué d'en suivre l'utilisation par ses propres machines.

Dans le Congrès de 1900 un changement considérable se manifesta : au lieu de suivre le courant qui avait commencé à se produire, on vit les industriels se séparer en plusieurs groupes.

Des partisans convaincus ont soutenu que les filasses obtenues directement à l'aide des tiges sèches méritaient le plus sérieux intérêt; qu'il convenait de ne pas les rejeter comme autrefois, mais de les proclamer très utiles et acceptables pour la fabrication de certains articles; qu'on peut les mettre en œuvre *directement*; on ne les dégomme qu'après utilisation, ce qui est infiniment plus pratique : *c'étaient tous des industriels filateurs ou cordiers.*

D'autre part, des industriels non moins convaincus ont essayé de montrer la beauté du textile obtenu par le moyen des machines opérant sur les tiges vertes. Les produits sont beaucoup plus fins, plus brillants, plus solides; ils conservent justement et mettent en lumière les qualités primordiales et spéciales de la Ramie. Sur ce point d'ailleurs aucune objection n'est possible, ces faits ne peuvent être contestés.

Cependant chez les partisans de la décortication en vert l'unanimité n'était pas complète.

Chez ces derniers, les uns affirmaient qu'il est absolument nécessaire de mettre en œuvre un produit aussi voisin que possible du china-grass, le seul qui se dégomme aisément sans appareils compliqués en pays chaud ; les autres critiquaient le faible rendement des machines produisant ce China-grass, préféraient offrir à l'industrie un produit plus grossier, plus difficile à purifier plus tard et exigeant un autoclave, mais plus rapidement obtenu.

Il semble que les hauts rendements n'ont pas répondu entièrement aux chiffres annoncés par les inventeurs, mais les hauts rendements sont réclamés avec insistance.

Chacune de ces opinions paraissait énergiquement soutenue par des groupes sérieux représentant des capitaux engagés. Les discussions, en général très courtoises, ont mis en évidence les divergences considérables des désidérata de l'industrie textile qui poursuivent des buts différents.

La production des tiges pour alimenter les machines souleva de nombreuses difficultés. On ne cultive pas de Ramie parce qu'on ne sait comment la vendre; on n'utilise pas de Ramie parce qu'on ne trouve pas à en acheter.

Il conviendrait peut-être d'opérer comme dans le cas des betteraves et même de la canne, de créer des groupements d'agriculteurs avec usines centrales qui achètent les récoltes et les soumettent aux machines.

En attendant l'établissement de groupements semblables, les usines devraient produire elles-mêmes les tiges dont elles ont besoin pour s'alimenter.

Il sera bon d'utiliser, dans la mesure du possible, les dispositifs perfectionnés employés dans la culture de la canne, les moyens de transports rapides et les moissonneuses.

On a pu, non sans peine, obtenir des industriels le prix qu'ils consentaient à payer les produits de la Ramie; ils ont donné le chiffre maximum de 70 fr. les 100 kilogs.

Ce prix, le même pour les diverses sortes de Ramie décortiquées semble très étonnant au premier abord, appliqué aux produits obtenus en sec ou obtenus en vert. Mais cela se conçoit aisément; car, si, d'une part, la tige est difficile et coûteuse à sécher, d'autre part, elle est aisément dépelliculée et dégommée mécaniquement. D'autre part, la lanière, coûteuse à dépelliculer et dégommer, donne un produit beaucoup plus beau et beaucoup plus précieux.

Il convient donc désormais d'abandonner résolument la période des tâtonnements pour opérer un peu en grand sur le terrain ou dans des régions favorables à la culture de la Ramie, mais on ne doit le faire qu'après avoir établi, par des calculs suffisamment précis, les chances de succès de la future entreprise.

Ce qui a toujours manqué aux expérimentateurs c'est la matière elle-même de l'expérience, c'est-à-dire les tiges de Ramie *en quantité suffisante*, et c'est pour cela que bien des essais sont demeurés jusqu'ici dans la période des tâtonnements. Cette méthode paraît avoir donné désormais tout ce qu'elle est capable de donner. Il faut aller plus loin. Il faut se transporter dans les pays grands producteurs de la plante. C'est là qu'on pourra trouver des informations précises sur la valeur absolue ou relative des procédés, indiquer des corrections à faire aux appareils.

Nous avions espéré pouvoir faire travailler les machines pendant un bon nombre d'heures ou même de jours; mais les subventions suffisantes ont fait défaut. Force a été de laisser aux exposants la plus grande partie des frais nécessités par les essais. L'administration a consenti à nous accorder une subvention de mille francs; l'un des exposants, M. Faure, a bien voulu fournir une partie de la Ramie nécessaire et a fait apporter les superbes spécimens de tiges fraîches sur lesquelles presque tous les concurrents ont opéré.

Une partie des tiges expédiées d'Alger par M. Rivière se sont trouvées, à la suite de retards très involontaires, devenues hors d'usage par fermentation.

Quelques tiges obtenues de semis faits l'année même au Muséum d'histoire naturelle, cultivées dans cet établissement ou bien, dans les plaines irriguées d'Achères, grâce à la bienveillante autorisation de M. Bechman, ingénieur en chef et de M. Vincey, professeur départemental d'agriculture de la Seine, ont rendu aussi quelques services. Mais, somme toute, la quantité de Ramie a été insuffisante.

*

La conclusion des divers Congrès de la Ramie de 1900 semble pouvoir être formulée ainsi :

Il paraît, à la suite des discussions poursuivies dans des séances multiples, que les questions théoriques sont désormais suffisamment connues dans leur ensemble ; les applications industrielles, si elles sont possibles, doivent en découler directement. ,

Elles dépendent à la fois du climat et de la main-d'œuvre aussi bien que des machines utilisées dans chaque région.

Il n'y a probablement pas une solution unique ; la Ramie peut fournir des matériaux utilisables très différents les uns des autres ; on aurait tort de condamner un procédé, une machine, un résultat à priori, et ce qui ne convient pas dans un cas peut convenir dans un autre.

Cela laisse une marge très large aux capitaux qui seraient tentés de se consacrer à cette industrie, mais il faut être parfaitement fixé au préalable sur la nature du produit que l'on veut mettre en œuvre.

En outre, il paraît utile de ne pas perdre de vue que la Ramie est un textile précieux, qui possède des qualités merveilleuses de solidité, de beauté, d'élasticité.

Il convient de ne pas l'employer comme succédané d'un autre textile, mais il faut l'utiliser pour ses qualités propres et particulières. Il ne faut pas chercher à le substituer à un autre, mais le préparer pour lui-même. C'est dans cette voie et cette voie seule qu'on trouvera le succès.

MAXIME CORNU.

LE CONGRÈS INTERNATIONAL

DE LA RAMIE

PREMIÈRE SESSION

28, 29 et 30 juin 1900

Première Séance

JEUDI, 28 JUIN 1900, APRÈS-MIDI

Le Congrès international de la Ramie s'est ouvert le 28 juin, à 2 heures 1/2, au Trocadéro, dans la coquette salle des conférences de l'Exposition coloniale, gracieusement mise à la disposition de la commission d'organisation du Congrès par M. Charles-Roux, commissaire général de l'Exposition coloniale.

Au bureau avaient pris place, auprès de M. Charles-Roux: MM. Marcel Saint-Germain, sénateur d'Oran, directeur de l'Exposition coloniale, et Maxime Cornu, professeur administrateur au Muséum, président de la commission d'organisation du Congrès.

Aux premiers rangs de l'assistance on remarquait MM. Binger, directeur des affaires de l'Afrique au ministère des colonies, délégué auprès du Congrès par le ministre des colonies; M. Boistel, attaché principal au ministère de l'agriculture, délégué du ministre de l'agriculture; Dodge, directeur du département de l'agriculture des États-Unis; Legris, délégué du Mexique; Martel, délégué de la Chambre syndicale des tissus; Gavelle-Brière, délégué de l'industrie linière; les commissaires des sections coloniales de l'Exposition intéressées à ce Congrès, et de nombreux membres français et étrangers.

En ouvrant la séance, M. Charles-Roux exprime la satisfaction qu'il éprouve de pouvoir offrir l'hospitalité aux membres du Congrès de la Ramie; il tient à remercier tout particulièrement les représentants des gouvernements étrangers qui sont présents à cette séance et notamment M. Dodge, directeur du département de l'agriculture des États-Unis.

« Ce qui m'a surtout plu dans votre Congrès, ajoute M. Charles-Roux, c'est la façon pratique dont son organisation est conçue. Cette première session n'est que la préface, bientôt suivie d'expériences et de concours, après lesquels vous pourrez, en octobre prochain, prendre, en toute connaissance de cause, les décisions que le monde agricole et colonial attend de vous.

« Cette façon de procéder me paraît excellente à tous égards. Votre commission d'organisation a su grouper autour d'elle, en France comme à l'étranger, les éléments d'instruction les plus intéressants. Elle vous présente un programme de travaux absolument pratique. Nous sommes en droit d'attendre de vos efforts les plus heureux résultats. »

Avant de procéder à l'élection du bureau, M. J. Charles-Roux rend un hommage ému à la mémoire de M. Berger, vice-président de la commission d'organisation du Congrès. « Il était, dit-il, un de mes amis; il a siégé avec moi dans plusieurs assemblées, et notamment au Comptoir national d'Escompte; je vous demande de vous associer aux regrets que m'inspire sa mort prématurée. »

M. le commissaire général de l'Exposition coloniale convie ensuite l'assistance à élire le bureau du Congrès et lui propose les noms suivants :

Président : M. Maxime Cornu, professeur-administrateur au Muséum;

Vice-Présidents : MM. Chailley-Bert, secrétaire général de l'Union coloniale; Dodge, directeur du département de l'agriculture aux États-Unis; Martel, délégué de l'Association générale des tissus;

Rapporteur général : M. Rivière, directeur du Jardin d'essai du Hamma, à Alger;

Secrétaires : MM. Paul Marcou, docteur en droit;

Georges Marcou;

Milhe-Poutingon, Directeur de la *Revue des Cultures Coloniales*.

Ces divers choix sont ratifiés à l'unanimité des membres présents.

M. Charles-Roux ajoute : « Messieurs, votre bureau est constitué. Il était difficile que vous placiez vos intérêts en des mains plus expertes. Je vous laisse à vos délibérations et je cède ma place à M. Maxime Cornu. »

En prenant la présidence, M. Maxime Cornu prononce l'important discours que nous reproduisons *in extenso* :

MESSIEURS,

Il y a quelques mois, plusieurs de nos collègues de l'Union coloniale se sont réunis et ont décidé de reprendre, s'il était possible, l'étude de la question de la Ramie.

Dans notre pays, depuis de longues années, des essais nombreux ont été faits dans le but de tirer parti, pour l'industrie textile, dans son sens le plus large, de cette admirable plante, l'Ortie de Chine (*Bœhmeria nivea*).

Cette plante qui peut se cultiver en France, dans un climat relativement doux où les hivers ne sont pas rigoureux, donne même dans la région de Paris des tiges qui peuvent se prêter aux études théoriques et même, dans une certaine mesure, aux applications pratiques.

Aussi de nombreuses tentatives ont-elles été faites, dans diverses régions du Nord, du Centre, de l'Ouest et de l'Est, principalement dans la région méridionale; des sociétés se sont fondées qui ont dépensé beaucoup d'argent et ont obtenu des résultats curieux, intéressants et à coup sûr dignes des plus grands éloges.

Les encouragements officiels et autres n'ont pas fait défaut. Un ministre a nommé une commission qui a pris l'initiative d'expériences spéciales en 1888 et 1889; une importante société d'agriculture a cru devoir en 1891 serrer de plus près la question et a organisé des essais comparatifs assez coûteux, entrepris concurremment avec une culture de la plante s'étendant sur plus de deux hectares afin d'alimenter des machines mises en œuvre : ces diverses expériences ont été internationales et ont excité un vif intérêt.

Nous pouvons dire que notre pays a pris dans cette affaire une position très importante; chacune de ses tentatives a amené la constatation de faits nouveaux et la question a fait ainsi de véritables progrès.

Les constructeurs de machines, les chimistes, les industriels, ont exécuté de nombreux travaux, ont réalisé des découvertes réelles.

Pendant ce temps, les autres nations ne restaient point inactives, et tandis que les unes offraient des prix très considérables pour la solution du problème, d'autres susciaient des inventeurs dont les noms sont célèbres dans l'histoire de la Ramie. On sait que dans les pays chauds certaines industries sont même déjà à l'œuvre.

Nous avons pensé que l'Exposition Universelle de 1900 nous offrait une occasion unique de faire appel à tous ceux qui s'intéressent au problème difficile de l'utilisation industrielle des fibres de la Ramie ; de se réunir pour étudier ensemble les moyens d'arriver au but que nous désirons tous ; de grouper les résultats déjà obtenus par quelques-uns ; de signaler les difficultés en partie surmontées et de montrer la voie à suivre ; en un mot, de grouper nos efforts, de contrôler nos méthodes et de nous entr'aider aussi efficacement que possible dans l'intérêt général de la production de ce magnifique textile.

La Ramie, en effet, est un textile remarquable que l'industrie peut mélanger au lin ou à la laine ; traitée industriellement d'une manière analogue, la fibre solide et résistante possède une ténacité extrême, et peut par un traitement convenable devenir blanche et soyeuse. Elle ressemble alors d'une façon merveilleuse à la soie elle-même ; d'un autre côté, sous une forme moins épurée, elle peut donner des cordes solides et résistantes. Enfin elle peut fournir une pâte à papier de premier ordre, et plusieurs gouvernements n'ont pas hésité à la choisir pour constituer la matière de leurs billets de banque.

Mais l'extraction de la fibre entraîne des frais considérables : de sorte qu'on ne peut jusqu'ici l'utiliser économiquement que dans des cas très spéciaux et pour des opérations particulières.

En Chine, où la main-d'œuvre est à si bas prix, la préparation de la fibre se fait d'une manière très simple : les indigènes grattent l'écorce à la main et en extraient des lanières qui ressemblent grandement à du foin, d'où le nom de *China-grass*, et dans la plupart des cas c'est cette écorce ainsi préparée que le commerce nous apporte en Europe et que nous mettons en œuvre. Mais elle est chère et nous ne sommes pas maîtres de nous en approvisionner à notre gré : nous recevons ce qui est disponible et nous subissons la variation du prix sans pouvoir y porter remède.

Cette préparation à la main est très facile et donne un produit excellent : elle serait à encourager dans nos colonies pourvues de main-d'œuvre si l'on pouvait y introduire cette tradition ; mais on n'a pas réussi jusqu'à présent. On a essayé au Tonkin sans y parvenir. Ce serait une œuvre excellente si l'on pouvait obtenir des indigènes d'utiliser dans ce sens la main-d'œuvre presque sans valeur des enfants et des femmes encore incapables d'être employés au travail des rizières.

Le jury spécial de la commission de la Ramie en 1889 a témoigné l'intérêt qu'il attachait à ce procédé primitif, en accordant une médaille d'argent, parmi les procédés de décortication, à la personne qui présentait ce mode de préparation de l'écorce.

Il est remarquable de voir que jusqu'à présent il semble que l'industrie européenne n'ait pas réussi à fournir à un prix suffisamment abaissé le produit comparable à ce que nous appelons le China-grass ; dans notre Europe, du moins jusqu'à présent, nous sommes très près de la solution, si l'on en juge d'après certains échantillons très beaux obtenus, par plusieurs méthodes, et il est probable que, transportés hors de France, sous les Tropiques, dans les régions où la Ramie pousse vigoureusement et où la main-d'œuvre n'est pas trop chère, on pourra lutter avec succès contre la préparation à la main des Chinois.

C'est notre espérance très vive, c'est même notre conviction, et c'est pour cela que nous nous réunissons aujourd'hui.

Il ne faut pas que la Ramie soit comme le *Phormium tenax* de la Nouvelle-Zélande, un textile qu'il a fallu abandonner parce que la préparation industrielle n'a pu atteindre économiquement les résultats qu'obtenaient autrefois les populations sauvages à l'aide des instruments les plus rudimentaires, de coquillages et de pierres composites.

Nous espérons fermement que nous touchons à la solution et que c'est seulement une question de quelques perfectionnements.

Permettez-moi d'arrêter un instant votre attention sur le problème que nous avons à résoudre, non pas pour préconiser telle ou telle catégorie d'opérations, mais pour exposer aussi impartialement que possible, et sans entrer dans aucun détail, la cause scientifique de la difficulté du sujet, cause tirée de la structure anatomique de la plante qui nous occupe.

L'extraction des fibres de la Ramie offre des difficultés qui ne se présentent pas dans les autres textiles.

Dans le cas du chanvre, du lin, du jute et d'autres encore, le rouissage produit de bons effets; pour les agaves et plantes analogues (Henequen, Sisal, Sansevicra, chanvre de Manille), un écrasement, un grattage, un battage, combinés avec un mouillage ou un séchage, suffisent pour donner des fibres à l'état définitif : on possède alors une finesse résistante et solide.

Pour la Ramie, on est bien loin de là. Les fibres ne sont pas réunies en faisceaux, en cordelettes dont les éléments sont étroitement soudés par leurs faces latérales. Elles sont isolées les unes des autres et disjointes; c'est ce qui fait leur pureté et leur beauté : le rouissage de la partie corticale qui les renferme les isolerait les unes des autres et ne donnerait qu'une masse emmêlée, ressemblant plus à de la pulpe qu'à de la filasse. En outre, ces fibres sont, dans l'écorce, recouvertes par deux lames étroitement unies et qui interdisent une extraction facile.

La plus extérieure de ces lames est ce qu'on appelle la *pellicule externe* : elle est constituée par l'épiderme de la plante, épiderme qui, rapidement, se transforme en une lame brune qui a la constitution chimique du liège et offre une résistance extrême au rouissage et à la plupart des dissolvants.

Cette pellicule, très peu développée dans les tiges jeunes et vigoureuses, ne tarde pas, dans les pays secs, à brunir et à épaissir; nous en tirons cette première indication que dans les régions où la végétation sera très active et très vigoureuse l'enlèvement de cette pellicule sera plus facile que partout ailleurs. Je ne peux pas signaler tous les procédés directs ou indirects indiqués pour s'en débarrasser ou pour l'isoler; je dirai seulement que sur les tiges fraîches cette pellicule peut assez facilement se dissoudre dans les alcalis, à la pression ordinaire ou sans pression.

Sur les tiges sèches, elle montre une résistance plus grande et doit être traitée plus énergiquement encore.

Des procédés divers très ingénieux sont proposés pour la faire disparaître ou pour l'isoler.

Mentionnons que pour les tiges sèches on peut l'enlever par un moyen mécanique en la réduisant en poussière par un battage approprié.

Dans aucun autre textile on ne rencontre une difficulté semblable.

Au-dessous de la pellicule se trouve une seconde lame constituée par ce tissu que les Allemands ont appelé *collenchyme*, nom qui rappelle sa nature agglutinative; c'est ce qu'on peut appeler la *gomme proprement dite*. Elle fermente aisément quand elle est fraîche; elle se gonfle sous l'action des alcalis et peut se détruire assez facilement. Sur les lanières sèches elle offre une plus grande résistance, mais ne présente pas autant de difficulté que la pellicule.

Les Chinois nous livrent des lanières d'écorces dépelliculées qui ne renferment plus qu'une faible partie de ce tissu desséché et sont bien plus faciles à transformer en un textile utilisable. C'est la raison scientifique de la valeur du China-grass.

Enfin les fibres elles-mêmes sont entourées d'un tissu qui les agglutine, mais offre une résistance relativement faible aux actions chimiques ou physiques.

C'est dans cet état que se trouvent en général les éléments textiles des autres plantes; et vous voyez quel travail il faut accomplir avant d'en arriver au point où nous trouvons les autres en général à l'état naturel.

Je m'arrête là dans cet exposé pour constater le nombre considérable de tentatives faites par des inventeurs en vue d'aborder et résoudre le problème de la préparation des écorces pour l'industrie; il faudrait de longues heures pour apporter devant vous un résumé même très succinct de ce qui a été essayé.

Qu'il me soit permis en terminant de constater, comme je l'ai déjà fait plus haut, que nous possédons sûrement des solutions très approchées du problème ; que ces solutions sont très probablement suffisantes pour certains desiderata de l'industrie ; qu'elle a des besoins très divers, qu'elle peut suivant les cas être moins exigeante que dans d'autres enfin que dans le fonctionnement des machines, dans le contrôle des procédés, les éléments de l'expérience en Europe ne sont peut-être pas très favorables ; qu'il conviendrait de les examiner avec bienveillance en faisant la part des conditions incomplètes chez nous ; qu'il conviendrait d'avoir un peu confiance et d'oser transporter les expériences sur leur véritable terrain, c'est-à-dire dans les régions où la Ramie peut être cultivée avec succès sur de vastes espaces.

Les résultats seraient peut-être tout autres que sur le terrain très exigu où nous sommes forcément placés et probablement beaucoup meilleurs que ceux que nous enregistrons aujourd'hui.

Enfin, il serait peut-être bon de ne pas demander aux procédés une perfection trop grande qui, dans certaines industries, serait probablement inutile.

Messieurs, dans les séances successives du Comité préparatoire, qui réunissaient un certain nombre de personnes ayant déjà travaillé sérieusement la question de la Ramie, nous avons essayé de définir et de préciser divers points de l'histoire de ce textile.

Nous avons chargé M. Ch. Rivière, directeur du Jardin d'essai du Hamma, dont la compétence est bien connue, de faire un rapport sur la plupart des points où nous nous sommes trouvés d'accord, afin que ce rapport puisse servir de base à la discussion qui va s'ouvrir.

Il vous exposera successivement l'histoire de la Ramie et les particularités qui s'y rattachent.

Nous vous demandons de nous donner votre avis sur les faits qui sont relatés et nous vous prions de les contrôler.

M. Rivière passera en revue les trois parties qui constituent le programme de nos études.

M. le Président donne ensuite la parole à M. Rivière pour la lecture de son rapport, dont voici le texte *in extenso* :

LA RAMIE

SITUATION DE SA CULTURE ET DE SON INDUSTRIE EN 1900

Le présent exposé, qui n'a aucun caractère didactique, n'est qu'une simple mise au point de la question à l'époque actuelle.

Les historiques et les dissertations scientifiques, botaniques, chimiques et mécaniques si souvent reproduites dans les ouvrages spéciaux en ont été rigoureusement éliminés afin de maintenir la présentation de la situation et des faits connus dans la forme la plus pratique.

En n'abordant que l'étude des principales propositions qui arrêtent encore l'emploi de la Ramie dans l'industrie textile, où elle paraît devoir prendre avant peu un rôle important, peut-être établira-t-on, à l'aide d'observations précises, les conditions économiques de sa production et de son emploi.

Depuis une cinquantaine d'années l'utilisation de la *Ramie* ou *China-grass* dans l'industrie, puis la culture de cette Urticée sont à l'ordre du jour dans nos colonies, ainsi que dans d'autres pays, notamment dans les Indes anglaises et néerlandaises.

Pendant la guerre américaine de Sécession, l'industrie européenne avait recherché cette matière textile dont la production insuffisante et le traitement difficile en arrêtèrent bientôt l'emploi.

Cependant l'Exposition universelle de 1878 avait donné un nouvel essor à cette question, mais dans cette nouvelle phase la pratique se heurta encore aux difficultés inhérentes à la décortication et à la défibration de la plante.

On pensait devoir résoudre facilement ces problèmes à la suite de l'Exposition universelle de 1889, mais les résultats des concours internationaux ne modifièrent pas l'état latent d'une question qui intéressait cependant tout particulièrement le monde colonial et les pays intertropicaux à la recherche de cultures nouvelles.

Il est évident que la nature toute particulière des matières agglutinatives difficilement solubles qui emprisonnent les fibres dans les couches corticales présente aux traitements mécaniques et chimiques, exigés pour les extraire et les dégommer, des obstacles réels d'ordre technique et économique. De là l'invention de procédés les plus divers qui jetèrent le trouble dans l'esprit du cultivateur et du manufacturier (1).

On en était arrivé à conclure, peut-être logiquement, que puisque la Ramie ne se prêtait pas avec facilité à une préparation parfaite et économique, sa place n'était pas particulièrement indiquée dans l'industrie, suffisamment alimentée avec les principaux filifères connus, chanvre, lin et coton. En résumé, on n'avait pas besoin d'un textile nouveau, cher, d'utilisation difficile, peut-être égal au lin, mais inférieur à la soie.

Telle était, en effet, la situation de la Ramie devant l'industrie française tout au moins, tant que la production du chanvre et du lin suffisait à ses besoins.

Mais très sensiblement cette situation s'est modifiée en Europe, puis sur notre territoire ces cultures ont périclité, et en outre on s'est demandé sagement si aucun obstacle ne pourrait un jour entraver dans la métropole l'emploi du coton que nos possessions coloniales ne produisent pas, soit par des causes climatériques, soit par l'insuffisance de la main-d'œuvre.

Les matières textiles, pour des causes diverses, pourraient manquer et déjà la culture du lin et du chanvre disparaît en France malgré les primes offertes et payées qui se sont élevées à 2.500.000 francs, soit 92 fr. 50 par hectare, pour l'année 1899.

La France devient donc tributaire de l'étranger pour tous les produits filifères employés par ses manufactures et l'on recherche alors si nos colonies, où les cultures productives sont loin d'être précisées, ne pourraient pas fournir aux usines métropolitaines la Ramie, qui paraît être désignée comme matière première de grande utilisation.

Des raisons analogues paraissent guider d'autres nations dans la recherche de l'emploi de la Ramie. Toute l'agriculture coloniale pense que la pérennité de cette plante et sa facilité de culture permettraient de lutter dans certains cas et pour beaucoup d'articles contre le coton annuel et, d'autre part, les industriels espèrent trouver dans ce textile tout à la fois une solidité et une qualité exceptionnelles.

La situation semble donc se modifier avantageusement du moment que la Ramie correspond maintenant à un besoin réel devant lequel les quelques obstacles de défibration complète et facile ne sauraient résister.

(1) Les corps agglutinatifs ont été décrits par Frémy : ce sont la *cutose*, la *vasculose* et la *pectose*, qu'il faut dissoudre ou précipiter sans attaquer la cellulose fibrique.

Le seul nœud de la question est là : la nécessité et la place de la Ramie dans l'industrie textile.

*
* *

Actuellement, la question se pose ainsi :

La Ramie (*China-grass*) fournie par les Chinois aux manufactures européennes est insuffisante pour leurs besoins ; les cours en sont variables, mais souvent élevés.

Cette matière arrive sur nos marchés à l'état de lanières qui ont été obtenues manuellement par différentes préparations, raclage, rouissage, séchage, etc., qui leur ont fait perdre une grande partie de leur gomme.

L'industrie demande donc :

1° Si la culture de la Ramie qui est confinée dans un centre sino-asiatique peut en sortir et s'étendre dans des climats analogues et même plus favorables ;

2° Si les procédés manuels des Chinois peuvent être remplacés par des moyens plus industriels, mécaniques et chimiques, peu coûteux, tout en conservant la qualité de la fibre ;

3° Enfin si les frais de la culture et de l'industrie seraient largement couverts par la valeur du produit, assimilable au cours actuel du China-grass ou même supérieure au prix de ce dernier suivant l'état de préparation de la matière première.

DES ESPÈCES DE RAMIE

On désigne actuellement sous le nom de Ramie deux espèces d'orties textiles, mais surtout l'*Urtica nivea*, Ortie blanche ou *China-grass*.

Autrefois on appliquait aux deux principales espèces des termes différents. L'Ortie de Chine, *Urtica nivea*, était le *China-grass*, et l'Ortie verte, *Urtica tenacissima*, des îles de la Sonde, était connue sous le nom de Ramieh ou Ramie.

Maintenant, par le terme Ramie on désigne, en France, l'une et l'autre de ces deux espèces cependant différentes.

Non seulement il y a plusieurs espèces d'orties textiles, mais il paraît y avoir des races offrant une végétation particulière et des facilités plus ou moins grandes de défibration. Les essais faits dans l'Inde anglaise ont présenté une telle diversité de résultats, soit comme culture, soit comme traitement industriel, que plusieurs observateurs ont recherché si la supériorité permanente du textile chinois ne tenait pas à l'espèce, à la race ou au milieu.

Cette importante question ne semble pas résolue, quoique beaucoup de voyageurs, d'auteurs et d'observateurs ne contestent pas l'unité de l'espèce cultivée par les populations indo-chinoises. Cependant il peut y avoir là une erreur préjudiciable pour la question générale de la Ramie envisagée au double point de vue agricole et industriel.

Sans nier l'influence des climats sur une plante cultivée depuis des siècles, on aurait peut-être tort d'attribuer dans tous les cas les changements de facies et les résultats économiques différents aux seules variations de l'espèce. On pourrait être en présence de plantes différentes avec leurs caractères propres, et ce qui le ferait supposer, ce sont les appréciations diverses résultant des essais multiples entrepris un peu partout.

Ainsi, il n'est pas rare de voir signaler dans certaines régions la floraison constante de la Ramie dont les tiges ne s'allongent pas ; d'autres fois, cette ortie est à l'état de broussaille très ramifiée, impropre au décorticage ; parfois encore cette plante resterait quelque temps sans produire la moindre végétation, etc.

Il y a quelque vingt-cinq ans, ces remarques avaient déjà jeté le trouble chez les cultivateurs qui voyaient dans la Ramie une espèce unique, connue de toute antiquité et à l'abri de tout doute sur son identité ; cependant bien des auteurs avaient signalé deux espèces principales et même conseillé indistinctement leur culture.

Il est évident que la véritable plante des Chinois, le *China-grass*, employé par l'industrie anglaise principalement, est une espèce typique de grande valeur, qui a sa place marquée dans certains climats à forme tempérée notamment, mais on ne saurait poser en principe que cette plante puisse quitter ce milieu climatérique pour descendre, sans se modifier, dans les zones intertropicales chaudes et humides.

L'agriculture se trouve donc en présence de plantes différentes, bien caractérisées et assez étudiées à l'heure actuelle pour pouvoir leur assigner un rôle économique en les plaçant dans les véritables milieux à leur convenance. On peut attribuer à l'ignorance de ces données de géographie agricole et climatologique de nombreux insuccès et des appréciations erronées ou contradictoires sur la valeur de la Ramie ; aussi convient-il, sans entrer dans une longue dissertation botanique, de préciser les deux types, véritables espèces à notre avis, qui doivent servir de base à la plantation et à l'exploitation de la Ramie dans les deux grandes zones, tempérée et chaude.

Ces deux espèces sont :

1° *Urtica nivea* (Bœhmeria), Ortie blanche, China-grass des Anglais ;

2° *Urtica utilis* ou *tenacissima* (Bœhmeria), Ramie verte ou Ramieh de Java et de l'Archipel Indien.

Ces plantes, ainsi que le démontrent les descriptions sommaires consignées ci-dessous, n'ont pas une végétation de même nature et sont donc destinées à des milieux différents. Quelle que soit la diversité de détermination de ces *Urticées*, on se trouve indubitablement en présence de deux espèces plutôt que devant une variété de l'une ou de l'autre. Dans tous les cas, le point qui nous intéresse, puisqu'elles ont des qualités différentes, c'est l'utilisation réelle de ces deux plantes quand elles sont dans leurs véritables milieux. L'une vivant dans les zones tempérées, l'autre dans les zones chaudes, c'est reconnaître à la Ramie en général une aire d'extension culturale beaucoup plus grande.

RAMIE BLANCHE

Cette espèce, *Urtica nivea*, Lin. (Bœhmeria), a pour signes caractéristiques des tiges *annuelles* ou *monocarpiques*, c'est-à-dire disparaissant à la fin de l'automne, après avoir donné leurs fructifications ; en d'autres termes, ce sont des tiges *caduques* sur des souches *vivaces*. D'autre part, le revêtement duveteux et blanchâtre de la face inférieure de la feuille est une indication typique pour tout le monde.

Cette ortie est originaire de la Chine et de l'Asie orientales, pays de pluies d'été et de froids peu accusés ; c'est la plante cultivée et préparée depuis des siècles par les Chinois pour leurs usages d'abord, mais dont les excédents sont exportés en Angleterre principalement, où le produit est connu sous le nom de *China-grass*.

Mais, parmi les caractères précités, il en est un relatif à la végétation qui n'est pas assez connu, malgré son intérêt au point de vue cultural et économique. Il réside dans la culture monocarpique des tiges, c'est-à-dire que ces dernières disparaissent d'elles-mêmes, séchant sur pied après leur fructification. En d'autres termes, on constate que dans les climats tempérés de la zone de l'olivier et de l'oranger, les tiges fleurissent à l'automne, fructifient à la fin de cette saison, et que cette phase est la dernière de la vie aérienne de la plante. Laissées sur leur souche vivace, les tiges se dessèchent rapidement, se désorganisent, puis la souche reste privée de vie apparente jusqu'au premier printemps.

Cette dernière coupe de tiges florifères, point important à faire connaître, est de mauvaise nature et inutilisable si elle n'a pas été faite avant l'apparition des inflorescences.

D'après divers essais faits dans des climats différents, il ressort que l'*Urtica nivea* se plaît moins dans les pays tempérés-chauds et encore moins dans les zones chaudes où il donne des floraisons constantes, nuisibles au développement de la tige : il est évident que le rendement brut et la qualité de la matière fibreuse se ressentent de cette végétation anormale.

Dans les pays tempérés à hiver peu marqué, mais se traduisant cependant par des petites gelées ou des grêles, la trêve de la végétation n'expose pas les organes aériens au hasard des intempéries auxquelles les tiges jeunes, herbacées et feuillées sont très sensibles.

Cette ortie est donc la plante des pays tempérés, c'est-à-dire n'exigeant pas pour croître de fortes chaleurs au printemps et à l'automne et pouvant supporter des abaissements de température un peu au-dessous de zéro puisqu'elle est privée pendant l'hiver de végétation aérienne.

En règle générale, on peut poser en principe que l'*Urtica nivea* ne donnera des résultats économiques que dans la zone tempérée, qui est la dernière limite de la végétation encore productive de la canne à sucre et du bananier.

On a eu autrefois dans les cultures une variété de la précédente, peut-être une espèce, *Urtica candicans*, reconnaissable par ses feuilles plus feutrées, plus duveteuses en dessous, plus verdâtres en dessus, par des tiges très vertes, légèrement tortueuses, plus dures et dont la décortication s'obtenait assez difficilement.

Depuis une vingtaine d'années on a, dans certains cas, multiplié l'*Urtica nivea* par semis, mais aucune variété ni forme particulière n'ont été signalées.

Cette ortie fructifie abondamment dans les pays tempérés et ses graines sont fertiles : au Jardin d'essai d'Alger, les récoltes en sont abondantes depuis plus de quarante ans.

RAMIE VERTE

Cette espèce, *Urtica tenacissima*, Roxb. ou *utilis* Bl. (Bœhmeria), a pour caractère distinctif des tiges *viraces* et des feuilles presque vertes à leur face inférieure, quelquefois légèrement duveteuses et blanchâtres. Cette teinte s'accentue parfois par l'action du froid ou de la dessiccation, au point que dans certains cas les feuilles ont, par ce caractère accidentel, une certaine analogie avec celles de l'*Ortie blanche*.

Cette Ramie est originaire de Java et de l'archipel Indien et il n'est pas prouvé qu'elle n'ait pas eu déjà une place dans l'industrie, où elle paraîtrait devoir occuper un rang au moins égal à celui du China-grass.

Le principal caractère apparent de cette espèce est sa nature *arbustive*. Les tiges deviennent rapidement ramifiées et ligneuses, s'accroissant en hauteur et en diamètre avec le temps ; elles peuvent vivre plusieurs années, et les inflorescences annuelles n'entraînent pas leur mort. Ces inflorescences peu nombreuses produisent rarement des graines, du moins au Jardin d'essai d'Alger où la plante a été bien étudiée. D'ailleurs, la rareté des graines est une observation commune dans beaucoup de localités.

Dans des terrains frais cette ortie peut donc prendre une forme arbustive élevée de plus de cinq mètres, mais si elle est dans un sol de médiocre qualité et sec, elle constitue un véritable buisson. Cette observation établit bien les différences d'aspect que peut présenter cette plante suivant les milieux et les appréciations contradictoires qui ont été émises sur elle.

La *Ramie verte*, avec sa grande végétation, paraît donc indiqué pour toutes les régions chaudes soumises à des pluies constantes ou pouvant être irriguées dans les périodes de sécheresse. Dans ces conditions, cette Ramie produit rapidement des tiges hautes de 1^m,80 à 2 mètres environ que l'on doit couper pour le traitement en vert à un degré de maturité relative, mais avant l'apparition des bourgeons latéraux.

Un autre caractère tout particulier est constitué par un mode de pousse de la tige. En effet, si dans la coupe on laisse la base d'une tige, c'est-à-dire un *talon* plus ou moins haut, des bourgeons se développent sur ce dernier et deviennent de hautes tiges, tandis qu'une végétation analogue ne se produirait pas sur l'*Urtica nivea* : les bourgeons chez cette dernière ne peuvent se développer que sur le collet de la souche ou sur les rhizomes et non sur la tige qui est *annuelle*.

On pouvait avoir, il y a quelques années encore, des doutes sur la valeur industrielle de cette espèce dont on connaissait cependant, au moins théoriquement, l'abondance des fibres, leur qualité et leur grande résistance ; mais de récentes expériences, par des procédés divers, ont confirmé que les tiges de cette ortie ne présentaient pas de difficultés particulières de traitement mécanique et chimique et que même beaucoup de filateurs lui accordaient la préférence sur l'*Ortie blanche*.

Cette constatation n'est pas sans importance pour le cultivateur opérant dans les climats chauds, car la végétation constante de cette espèce et son exubérance de développement lui assurent des coupes plus nombreuses et de rendement plus important. On doit donc appeler l'attention du cultivateur sur cette espèce, assez connue maintenant pour prendre place dans la grande pratique, mais dans les milieux à sa convenance qui sont ceux chauds, humides, où la végétation ne subit pas des arrêts par insuffisance de pluies dans certaines périodes. Dans ce dernier cas, quel que soit le degré thermique du climat, l'irrigation est indispensable.

DES DIVERS TRAITEMENTS EN SEC ET EN VERT

Le mode de traitement des tiges de la Ramie intéresse le cultivateur : le rendement de ses cultures est en réalité subordonné aux exigences de l'industrie et à l'outillage que cette dernière emploie ou met à sa disposition : on comprend donc l'intérêt tout particulier qu'attache le producteur de la matière première —

surtout s'il est appelé à en être le préparateur — à la détermination d'un procédé de traitement en *sec* ou en *vert*.

Dans l'état actuel de la question, le travail en *sec* exige la formation presque complète de la tige, ce qui, dans les pays tempérés, ne permettrait guère que deux coupes par an, tandis que dans le traitement en vert une formation moins complète des tiges est suffisante et assure ainsi des coupes plus nombreuses.

On appréciera dans l'exposé des deux systèmes de travail le caractère économique de chacun d'eux.

TRAITEMENT EN SEC

On ne s'explique pas pourquoi tant d'efforts ont été concentrés sur ce mode de travail. Aucune indication antérieure ne le motivait. En effet, les peuples asiatiques, les Chinois notamment qui utilisent depuis des siècles les orties textiles, ne les ont jamais préparées à l'état sec, comme on traite le chanvre et le lin ; bien au contraire, leurs pratiques consistent dans une décortication à l'état vert *absolu*, c'est-à-dire dans l'enlèvement de l'écorce sur la tige vivante et encore sur pied.

On s'est basé sur un système économique absolument faux en comparant la Ramie au chanvre et au lin et en croyant que l'avantage unique du traitement en sec résidait dans la facilité de conservation de la Ramie en meule ou en grenier pour la traiter en temps opportun. Le cultivateur aurait ainsi utilisé la saison hivernale pour procéder à la décortication, en quelque sorte à temps perdu. Envisager la question à ce seul point de vue des usages européens, c'était méconnaître les véritables milieux d'exploitation économique de cette plante. La France, même dans les parties provençales les plus favorisées par le climat, ne paraît pas avoir une place dans la production de la Ramie, si l'on en juge d'après les nombreuses tentatives qui ont été faites infructueusement.

Considérer la Ramie comme une *exploitation familiale* pour nos colonies en général, ce serait ne pas se rendre un compte exact de la situation de leur main-d'œuvre. Ensuite l'état hygrométrique de l'air ne permettrait pas toujours une dessiccation suffisante de la tige pour obtenir des procédés mécaniques connus un bon résultat. L'Indo-Chine seule pourrait fournir une nombreuse main-d'œuvre, mais le climat se prêterait mal à la conservation en meule et à la dessiccation des tiges : là elles doivent être travaillées en vert et en temps opportun.

Ainsi donc, dans les véritables pays de culture de la Ramie, le séchage de ses tiges, même à un degré relatif, n'est pas possible à l'air libre : le degré hygrométrique de l'atmosphère y est trop élevé et la Ramie mise en tas, abritée ou non, ne tarderait pas à être altérée par une fermentation. D'autre part, la tige elle-même, relativement sèche, est essentiellement hygrométrique, c'est-à-dire qu'elle s'empare rapidement de l'humidité de l'air, ainsi que le démontrent certaines expériences basées sur l'étuvage.

Une tige insuffisamment sèche se décortique mal : les cylindres broyeurs ou racleurs agissant sur une matière molle, spongieuse et élastique ont un effet atténué, finissent par s'encrasser, et la lanière corticale n'est pas absolument frictionnée, ni même débarrassée des débris ligneux. Ensuite, certains organes des instruments sont sans action sur le revêtement épidermique ; en effet, sous l'influence de l'air et en vieillissant l'épiderme brunit, devient plus épais, forme une pellicule dure, cornée et résistant à tout raclage.

L'écorce ainsi obtenue est parfois entière : on l'appelle avec raison *lanière corticale* ou *ruban cortical*, mais cette lanière sèche, entière ou peu divisée, avec son revêtement épidermique dit pelliculeux, presque inattaquable, ne cède difficilement ses fibres que sous l'action de bains dissolvants, quelquefois assez intenses pour altérer fortement la qualité de la matière textile.

En résumé, et là réside toute la difficulté, en vieillissant et en séchant, une double cause s'oppose à la facile défibration de la matière corticale. D'abord, la consistance dure et presque insoluble de cette pellicule épidermique offre une grande résistance aux actions mécaniques et chimiques et, d'autre part, le collenchyme se concrète sous forme de gomme exigeant, pour se dissoudre, des bains à une certaine température, toutes opérations longues, coûteuses et nuisibles aux qualités naturelles de la fibre.

En faveur du traitement en sec on a fait une observation qui n'a que de simples apparences de raison et qui tendrait à établir que le travail en *sec* ou en *vert* n'influe aucunement sur le nombre de coupes à l'hectare, parce que les industriels qui veulent traiter en *sec* n'auraient qu'à couper en *vert*, puis à laisser sécher les tiges avant l'application de leur méthode : si le traitement est différent, le nombre des coupes reste le même.

Il y a là une équivoque qui nécessite une explication.

Pour travailler en *sec*, les machines exigent des tiges bien formées et régulières en diamètre permettant, par un réglage général de l'instrument, de séparer avec facilité l'écorce du bois. Or, si l'on coupe avant maturité, les tiges en séchant ne sont plus cylindriques, souvent elles s'aplatissent, se contournent, et l'instrument n'agit plus uniformément sur toute leur surface. Il s'ensuit en outre que la décortication et la défibration de tiges coupées prématurément deviennent plus difficiles en ce sens que l'adhérence des diverses couches de tissu est plus intime par la dessiccation et provoque des arrachements.

Dans une tige de formation presque complète, bien séchées, certaines machines font un bon travail de séparation de l'écorce et du bois, mais ces rubans corticaux ont un épiderme difficilement attaquable par les rouissages chimiques en usage.

Il va sans dire que toutes ces objections s'appliquent à la machine comme premier travail, mais qu'elles seraient discutables si le traitement chimique, humide ou gazeux, était l'opération préalable à l'action mécanique suivant certains systèmes nouvellement préconisés. Cependant, ce que l'on sait de ces derniers démontrerait leur efficacité moindre sur les matières sèches. Quoi qu'il en soit, la dessiccation relative de la Ramie ne peut s'obtenir que très difficilement, surtout dans les pays de grande production qui impliquent un climat humide. En outre, cette opération exige de la part du cultivateur des manipulations coûteuses, souvent impraticables, s'il faut enlever la récolte et aller l'étendre sur de larges espaces. Quelques auteurs prétendent avec raison que le passage à l'étuve peut seul réduire l'humidité, mais il est évident que ce dernier procédé, qui n'est pas applicable partout, augmente les frais généraux.

Cependant il est certain que les tiges bien formées et absolument sèches se décortiquent ou se broient plus facilement, mais il faut ajouter que si elles n'ont pas subi un traitement préalable, cette dessiccation n'est pas toujours de nature à favoriser le rouissage chimique, tant la matière épidermique s'est durcie.

TRAITEMENT EN VERT

A l'état frais, les tiges de Ramie sont facilement décorticables et les peuples asiatiques n'opèrent pas autrement sur les *Urticées* de cette nature. En effet, aussitôt après la coupe, le décollement de l'écorce d'avec le bois, grâce à l'humidification des tissus, s'obtient aisément sans laisser trop de fibres adhérentes au bois : les Chinois décortiquent même sur pied.

Si dans un grand nombre de cas la machinerie n'a pas donné des résultats absolument satisfaisants, c'est qu'elle s'est trouvée en présence de tiges relativement vertes, mais ayant déjà perdu une grande partie de leur eau de végétation. Dans l'état actuel de l'outillage, il faut donc traiter les tiges immédiatement après la coupe.

Ici se pose une question qui a la plus grande importance pour tous, cultivateurs et industriels.

A quelle phase de sa végétation la tige verte doit-elle être coupée? En d'autres termes, qu'entend on par tige verte?

Des expériences récentes démontreraient que c'est peu après la complète élongation de la tige, alors qu'elle est encore *herbacée*, presque molle et de nature crassulante, quand son écorce est formée, mais non brunie, que la coupe peut être faite.

En effet, à la fin de l'élongation, avant l'apparition des yeux aux aisselles des feuilles, les fibres primaires et *utilisables* sont formées et ont une ténacité suffisante : il ne se formera plus que des couches de fibres secondaires sans utilité.

On n'a donc pas intérêt, loin de là, à laisser épaissir l'écorce, durcir son épiderme et augmenter la quantité de bois. Avec le temps, les fibres perdent leur finesse, leur souplesse, leur blancheur, en un mot leurs qualités initiales, et elles sont de plus en plus emprisonnées par l'épiderme durci et le collenchyme, deux substances difficilement attaquables quand elles vieillissent.

Pour atténuer les difficultés industrielles résultant de la gangue qui emprisonne les fibres, des pratiques culturales interviennent efficacement : elles consistent, par une plantation serrée et bien arrosée, à favoriser l'élongation rapide des tiges.

Dans une plantation très dense, il y a peu ou point de feuilles à la base de la tige, les ramifications ne se développent pas, et les agents atmosphériques, surtout l'insolation, agissent moins directement sur l'épiderme qui reste plus tendre et moins constitué.

Dans ces conditions de coupe possible de la Ramie dès la fin de l'élongation de la tige, la question prend un caractère économique plus accentué. En effet, les récoltes deviennent successives et on peut prévoir cinq coupes par an dans les pays tempérés, chauds et à irrigation assurée, et davantage dans les régions chaudes à pluies régulières et abondantes.

L'emploi des tiges à l'état herbacé dépend donc de la nature du traitement. Si ce dernier n'est ni brutal, ni grossier ; si, par le travail de certains instruments, le bois est non seulement enlevé, mais que l'écorce soit également bien grattée et raclée, l'épiderme enlevé, les liquides gommeux pressurés et diminués, on obtiendra une lanière corticale déjà divisée en nombreux filaments et débarrassée d'une grande proportion de matières inutiles.

Cette défibration de la lanière qui indique un raclage énergique est déjà, pour quelques-uns, une excellente préparation, si la fibre n'est pas énervée, qui facilite le dégommage.

Pour empêcher la solidification des matières gommeuses et résineuses et leur transformation au contact de l'air, quelques auteurs conseillent le rouissage chimique des lanières fraîches immédiatement après l'action de la machine. Mais il est des procédés nouveaux qui intervertissent l'ordre du travail habituellement préconisé : une action dissolvante précéderait le travail mécanique. Ainsi, les tiges vertes et entières seraient préalablement soumises à un rouissage chimique ou à l'action d'un gaz, puis séchées et travaillées mécaniquement.

Le dégommage préalable, par liquides ou par gaz, aurait réduit les gangues gommeuses à l'état pulvérulent et la défibration serait alors complète et facile par des broyeuses ou des teilleuses opérant sur des lanières très sèches.

En résumé, ces procédés s'appliquent à la tige verte et n'exigent pas la végétation complète pour en retirer de bonnes fibres, quelle que soit l'interversion des actes chimiques et mécaniques de l'industrie.

Toutes ces considérations réunis portent à conclure que le travail en vert est industriellement un traitement plus facile à appliquer que celui en sec ; que les fibres ont une qualité supérieure, et que le nombre des récoltes des tiges est au moins quadruplé. On ne saurait donc trop insister sur les conséquences économiques du travail en vert dans les pays chauds, surtout si la fin de l'accroissement de la tige en hauteur est un état de végétation suffisante, comme tout semble l'indiquer, pour permettre l'extraction de bonnes fibres.

Or, dans les pays chauds, la Ramie soumise à des pluies ou à des irrigations régulières peut produire, entre 35 et 45 jours, des tiges de 1^{m}60 environ de hauteur.

RENDEMENT DE LA RAMIE

Le rendement est variable suivant les pays, le nombre de coupes, le système de traitement, l'état de la main-d'œuvre : c'est donc poser une question actuellement insoluble que de demander d'une manière générale le revenu en argent d'un hectare de Ramie.

On a voulu établir le rendement à l'hectare d'après le poids des tiges vertes ou sèches, et c'est principalement sur l'état vert que les calculs ont été basés pour l'achat au cultivateur de chaque coupe.

Cette méthode d'évaluation est imparfaite et, théoriquement, elle est discutable pour déterminer exactement la valeur initiale du produit, c'est-à-dire pour connaître la véritable quantité de fibres utilisables.

Le poids de la tige fraîche est sujet à de très grandes variations, surtout après sa coupe, car cette dernière peut perdre en quelques instants une grande quantité d'eau de végétation, suivant la siccité de l'atmosphère. D'autre part, suivant les saisons, les tiges ont plus ou moins de feuilles et sont plus ou moins fortement constituées, de là un poids variable : en effet, on a vu des tiges d'été être inférieures comme poids à celles du printemps, quoique ayant les mêmes dimensions.

La relation entre le poids de la tige verte et son rendement en fibres est donc forcément variable, tandis que la tige normale considérée comme unité a toujours une même *quantité de fibres*.

Évaluer le rendement au moyen d'une tige en fibres paraît être la meilleure base du calcul théorique développé ci-dessus et emprunté à diverses expérimentations avec des procédés différents de défibration.

Dans un hectare de Ramie de culture intensive on trouve, au mètre carré, 40 tiges ayant environ 1m60 de hauteur : c'est 400.000 tiges à l'hectare et par coupe.

Chaque tige, en établissant la moyenne sur 10 et sur 100, fournit 3 grammes à 3 grammes et demi de fibres libres, ce qui représenterait : 3 grammes × par 400.000 tiges=1.200 kilog. de filasse : en d'autres termes, ce serait, *pour 4 coupes* annuelles en vert, 4.800 kilog. de filasse, c'est-à-dire de fibres libres presque entièrement dégommées (1).

En réduisant à 4.000 kilog. le produit à peu près dégommé, prêt à entrer en filature, l'hectare donnerait un rendement brut, au cours actuel d'une qualité de cette nature, de 4.000 kilog. dégommés à 850 fr. la tonne = 3.400 fr.

La question qui se pose alors, car c'est la base de la situation, c'est de déterminer l'intérêt qu'aurait le cultivateur à produire cette matière première, en d'autres termes quel serait le revenu de cette culture.

Il est impossible de préciser d'une manière générale quel serait le rendement en argent d'une culture dans le monde entier. Évidemment il dépendra de la situation climatérique et économique des milieux et de la simplicité en même temps que de la perfection des moyens de traitement. Or, ces derniers sont nombreux et avec des exigences différentes en frais généraux.

Cependant on peut dire que dans n'importe quel pays d'agriculture intensive, une culture qui donnerait annuellement à l'hectare un bénéfice absolument net de 250 francs serait bien accueillie. Et, d'après les chiffres généraux précités, cela paraît être admis pour la Ramie en *milieu convenable*, car si elle exige d'assez grands frais de premier etablissement, son entretien est peu coûteux à cause de sa simplicité.

*
* *

L'estimation de la récolte par le poids brut des tiges a souvent des inconvénients, en ce sens qu'elle tend à fausser le rendement en fibres.

En effet, les 400.000 tiges d'un hectare pèsent, aussitôt la coupe en vert, environ 18 à 22.000 kilog. qui se réduisent très rapidement par la perte en eau et l'effeuillage. Mais quelquefois ce même nombre de tiges, sans avoir moins de fibres, ne pèse que 15 à 18.000 kilog., suivant des saisons où la constitution est moins aqueuse et la foliation plus réduite.

Il y a quelque vingt ans, une expérience qui est restée classique a été faite au Jardin d'Essai d'Alger : elle a démontré que les rendements étaient fort variables suivant les procédés mecaniques et chimiques, mais cependant on a pu obtenir une moyenne résultant de la décortication par les machines à cylindres plus ou moins cannelés, travail que l'on jugerait actuellement un peu grossier. En effet, le rendement jugé insuffisant et ne concordant nullement avec le calcul théorique attribuait à chaque tige normale moins de 3 grammes de fibres.

Le détail de cette expérience rapporté pour mémoire se décomposait ainsi :

(1) A 10 ou 15 p. 100 près.

100 kilog. tiges vertes feuillées donnent 52 kilog. tiges vertes effeuillées.

52 kilog. tiges *vertes* effeuillées donnent 10 kilog. 40 tiges *sèches*.

10 kilog. 40 tiges sèches donnent 2 kilog. 08 lanières fibreuses mécaniques.

2 kilog. 08 lanières fibreuses donnent 1 kilog. 600 fibres bien désagrégées.

1 kilog. 600 fibres bien désagrégées donne 1 kilog. 120 de filasse dégommée et blanchie.

1 kilog. 120 filasse dégommée et blanchie donne : 0 kilog. 700 de peignée en long brin ; 0 kilog. 300 de peignée en blousses ou étoupes ; 0 kilog. 020 de déchets ou évaporation.

Quoique les déchets de peignée de Ramie aient une valeur réelle, on constate qu'ils sont plus ou moins abondants suivant la nature des traitements ; en d'autres termes, la filasse dégommée présente au peignage des rendements différents en longs brins ou en étoupes si la défibration a été bien ou mal faite.

En résumé, une décortiqueuse qui mâchure, étire et énerve les fibres, les coupe même sur plusieurs points de leur longueur, ou un bain chimique trop violent attaquant la cellulose sont des conditions qui altèrent souvent profondément la constitution et la résistance des fibres. Dans ces cas, on a 70 % d'étoupes, blousses et déchets, tandis que par un bon travail le résultat est inverse : c'est 70 % de fibres utilisables et 30 % de sous-produits.

Le rendement définitif de la Ramie est donc subordonné à la nature du traitement : or, le travail en sec ne paraît pas avoir répondu jusqu'à ce jour aux exigences du textile, qui craint les mécanismes grossiers et les agents chimiques desséchants et corrodants.

D'autre part, il ne convient point d'oublier que la Ramie exige une culture intensive au plus haut degré et des climats particuliers lui assurant le maximum de sa végétation et de sa bonne constitution.

* *

Les variations du rendement en argent dépendent de deux causes principales :

1° Ou le cultivateur livrera à l'industriel sa coupe sur pied, et alors il n'aura que le produit de la culture proprement dite ;

2° Ou alors il procédera lui-même à la préparation plus ou moins complète de la matière industrielle, par décortication ou autre mode, et alors il devra bénéficier sur ce travail supplémentaire.

Dans ce dernier cas, c'est la matière fibreuse dans un état déterminé qu'il conviendra d'estimer au poids.

Mais cette matière est variable comme qualité et comme prix de revient suivant les procédés qui seront employés. Or, ces derniers sont nombreux et ont des exigences particulières, peu admissibles partant, qui imposent des frais généraux différents.

La plupart des ramistes paraissent avoir constamment recherché par le mécanisme l'obtention d'un produit analogue, au moins dans sa présentation, à la lanière du China-grass, c'est-à-dire des rubans d'écorce dépelliculée, plus ou moins dégommés et ayant conservé toute leur longueur. Cependant des auteurs ne reconnaissent pas la nécessité de conserver au ruban cortical toute sa longueur, souvent fort grande, et de maintenir à ses longs filaments un parallélisme absolu. Il y a des machines à grand travail en vert qui décortiquent, raclent et divisent fortement les lanières dont l'enchevêtrement ne parait pas préoccuper l'industriel qui trouverai au contraire un embarras à peigner de très longs filaments dont la section préalable s'impose souvent.

Conserver ce parallélisme parfait est une difficulté : le produit est certainement plus présentable, il se rapproche davantage du China-grass, tandis que l'autre a l'aspect du crin végétal, mais il n'est pas prouvé que ce dernier ne se prête pas plus facilement aux manipulations ultérieures.

Enfin il y a des procédés qui demandent d'emblée à la machinerie une préparation presque parfaite, c'est-à-dire une défibration et une élimination de gomme assez complètes pour que le produit puisse être peigné de suite et servir, sans dégommage chimique, à la fabrication de fils de gros numéros.

Suivant la nature du traitement le rendement est différent et le coût de la matière fibreuse doit nécessairement varier : on ne saurait en effet attribuer la même évaluation à des lanières bien faites, mais dépelliculées ou non.

Il est bien évident que si tout d'abord, par un procédé facile, on supprime ou atténue dans une forte proportion la dépense et les risques d'un dégommage nécessité par une matière brute, le produit de ce traitement aura une valeur non comparable à celle des rubans corticaux ordinaires.

Le rendement journalier d'un procédé ne doit donc pas être absolument apprécié par la quantité obtenue.

Ramistes et manufacturiers ont eu peut-être le tort, jusqu'à ce jour, les uns de chercher à produire, les autres à n'utiliser qu'une fibre parfaite pour faire des articles de luxe... et à bon marché. Cet axiome : La Ramie, *soie végétale*, a bien nui à la question.

La grande industrie des textiles parait avoir besoin tout d'abord d'une fibre de qualité, mais de préparation commune, que des manipulations ultérieures convertiront aisément en fils de qualité supérieure.

Le but à atteindre actuellement est de placer la Ramie, comme prix de revient, entre le lin et le coton et les efforts doivent tendre à la rapprocher de ce dernier. Alors son emploi, aux dires de certains économistes, devient illimité.

CLIMATS CONVENABLES A LA RAMIE

Il est peut-être excessif de poser en principe, ainsi que l'affirment quelques agronomes étrangers, que la culture de la Ramie appartient exclusivement aux climats à la fois chauds et humides, ou que, suivant des agronomes français, elle peut être pratiquée dans les parties tempérées de l'Europe.

Ces opinions sont discutables à bien des points de vue et elles le sont certainement si elles s'appliquent indistinctement aux deux espèces signalées dont les tempéraments sont si différents : *Urtica nivea* et *U. tenacissima*.

D'autre part, est-il bien exact de dire que si la Ramie n'a pas donné de résultats dans diverses contrées, Algérie, Tunisie, Madagascar, Réunion, Égypte, Maurice, Natal, États-Unis, République Argentine, etc., c'est que ces climats ne sont nullement à la convenance de la plante?

Le climat d'un pays n'est pas une entité unique. Il faudrait, pour être affirmatif, dire dans quelle partie du pays la tentative a échoué et si la plante avait été placée dans son véritable milieu. Évidemment la Ramie, dans les États-Unis, ne peut pas végéter à Chicago, mais elle sera prospère sur le littoral du golfe du Mexique, dans la région de la canne à sucre, avec de l'irrigation, et si elle ne réussit pas sur les plateaux de Madagascar, la pointe Nord, les parties basses et la zone du vanillier lui conviennent; les terres à cannes et à bananiers sont de bonnes indications générales pour la culture de cette plante.

Il serait peut-être imprudent d'attribuer aux mauvaises conditions qu'auraient présentées certains climats la lente éclosion de cette question. Ainsi qu'il est dit au début de cet exposé, c'est autant l'état général du marché des fibres que l'incertitude des procédés de traitement de la Ramie qui ont fait reculer l'emploi de cette dernière et conséquemment sa culture.

Évidemment les pays tempérés chauds et ceux chauds et humides conviennent à ces orties, mais à la condition de prendre en considération la nature des deux espèces précitées, dont l'une ne craint pas l'élévation du degré thermique. Les contrées éminemment favorables sont celles où les pluies sont constantes et fournissent une tranche d'eau variant entre 2,50 à 3 mètres et plus, ou ceux où les irrigations abondantes peuvent régulièrement fonctionner dans les périodes sèches.

La Ramie n'a aucune place indiquée en France, en Europe, et même sur le littoral septentrional du bassin méditerranéen.

Dans le nord de l'Afrique, quelques points de l'Algérie seuls — encore cela a-t-il été discuté — offriraient des emplacements avantageux, notamment les plaines du littoral des environs d'Oran, sur quelques milliers d'hectares, là où les irrigations sont bien assurées pendant la période estivale.

La plaine du Chéliff a des irrigations d'été dans certaines parties, mais l'insolation intense et le siroco qui sont la caractéristique de ce climat pauvre en pluie font que la Ramie a quelquefois une tendance à se ramifier.

Les plaines de Bône et de la Mitidja qui n'ont pas encore des irrigations suffisantes subissent quelques chutes de température hivernale qui arrêtent pendant un temps plus ou moins long la végétation de la Ramie.

En Tunisie, cette culture ne serait praticable que sur la côte orientale, mais la pluie y est insuffisante et les irrigations d'été n'existent pas et ne peuvent y être établies. La Ramie n'a aucun avenir en Tunisie.

Dans nos colonies françaises, celles propres aux grandes cultures de Ramie semblent être en première ligne l'Indo-Chine, grâce à son climat chaud et à ses eaux abondantes, puis nos possessions équatoriales à grandes pluies de la côte occidentale de l'Afrique, Dahomey, Guinée, Côte d'Ivoire, Gabon.

Mais les régions où l'état atmosphérique se divise en deux périodes bien tranchées, l'une pluvieuse, l'autre sèche, cette dernière souvent plus prolongée que la première, Sénégal, Soudan, Congo, etc., la Ramie ne saurait y être implantée si des moyens d'irrigation n'y étaient assurés, suffisants et permanents.

La culture de la Ramie doit être productive dans toutes les régions où la température ne s'abaisse pas au-dessous de zéro et où, à l'insuffisance des pluies, on peut opposer l'irrigation : tels sont le littoral du golfe du Mexique dans l'Amérique du Nord, la partie moyenne de l'Amérique du Sud, l'Inde transgangétique, etc.

Les zones désertiques et steppiennes, malgré l'irrigation, ne paraissent pas favorables au développement de la Ramie, même avec le secours des arrosements, et les essais faits en Egypte, en dehors de la région de la canne à sucre, sembleraient le prouver.

En résumé, les grandes terres de l'archipel de la Sonde, Sumatra, Java, paraissent être par excellence les centres de végétation luxuriante de la Ramie; puis viennent ensuite quelques autres climats insulaires, Ceylan, Havane,

Jamaïque, etc., et les rivages des continents caractérisés par la présence du bananier. Mais il ne faut pas oublier cet axiome de simple pratique : « Toute culture, pour être rémunératrice, ne doit pas se faire à la dernière limite de la végétation de la plante. »

PLAN D'EXPLOITATION SUIVANT LES RÉGIONS

Le plan déterminant les conditions de culture et de premier traitement industriel de la Ramie doit-il avoir le caractère familial de la petite propriété ou exiger la grande exploitation ? En d'autres termes, doit-on agir avec de faibles moyens, souvent manuels, ou opérer sur de grandes surfaces avec des instruments mécaniques puissants et perfectionnés ?

Le mode d'exploitation est variable avec les pays, et l'on a eu le grand tort en France, relativement à cette question, de tout rapporter aux conditions de la métropole, de l'Algérie ou de la Tunisie, qui ne représentent pas les véritables milieux où la culture de la Ramie doit évoluer économiquement. La main-d'œuvre, dans ces cultures intensives compliquées de questions industrielles, a une part prépondérante : or, son emploi est loin d'être résolu dans toutes nos colonies, sauf au Tonkin.

En général, l'exploitation familiale ne paraît pas appelée à être la première étape de la production de la Ramie et ce n'est pas par cette voie que l'industrie, à ses débuts surtout, trouvera la matière première pour ses usines : elle n'aurait là qu'un approvisionnement incertain ou insuffisant.

L'agriculture coloniale n'entreprendra de grandes plantations de Ramie que quand elle aura sous les yeux les exemples probants de son rendement et de son utilisation, car les frais de premier établissement en sont coûteux. D'autre part, les résultats des petits essais tentés un peu partout et sans méthode ont été peu satisfaisants, et il ne pouvait en être autrement. Ce serait donc continuer à perdre inutilement du temps que de solliciter n'importe où le concours de petits cultivateurs peu au courant de cette question et non convaincus de son avenir.

Aussi quelques compagnies étrangères, ne méconnaissant pas cette situation, ont-elles agi sagement en prenant récemment toutes mesures pour parer au manque ou à l'insuffisance de la matière première destinée à leurs usines et pour se soustraire aux fluctuations du marché chinois. Dans ce but, ces compagnies ont commencé à créer pour leur propre compte des plantations de Ramie, directement exploitées par elles, dans les zones intertropicales les plus favorables. Une compagnie étrangère aurait acquis 15.000 hectares dans la partie nord-est de Sumatra et aurait défriché plus de 500 hectares de forêt vierge déjà convertis en plantation de Ramie.

Les industriels français doivent opérer de même, et en attendant l'implantation de cette culture dans nos colonies plus éloignées, l'Algérie offre dans ses plaines basses du littoral Ouest quelques milliers d'hectares qui peuvent permettre d'y obtenir un rendement moyen de la Ramie, quoique cette plante soit là à sa dernière limite de production économique.

Ces considérations générales sembleraient démontrer que, dans la situation présente, l'exploitation de la Ramie sur de grandes surfaces serait d'abord la forme indiquée pour toutes les régions à population peu dense où la main-d'œuvre est insuffisante ou chère : elle permettrait l'emploi de moyens mécaniques de coupe et de traitement, et aurait le grand avantage de fournir à bon marché une masse considérable de produits de qualité homogène, ce qui en industrie a une importance capitale. Rien n'empêche d'appliquer les deux systèmes et, dans les pays à main-d'œuvre abondante, d'avoir recours à la production familiale. Cependant il pourrait être difficile de demander au petit propriétaire indigène une préparation du produit conforme aux procédés particuliers de traitement préconisés par les usiniers ou les compagnies qui se sont fondées sur l'application d'un système de travail correspondant à leur genre de fabrication.

Dans les colonies françaises, le Tonkin excepté, mais surtout dans celles de la côte occidentale de l'Afrique, l'état réduit de la main-d'œuvre ne permettrait pas une exploitation de la Ramie qui ne s'étendrait pas sur de grandes surfaces et ne serait pas basée sur des moyens d'exploitation mécanique simples mais puissants.

Par contre, dans certaines régions de l'archipel indien et malaisien, la densité de la population est telle qu'elle peut certainement changer entièrement le mode d'exploitation, surtout dans la récolte et la première opération du traitement, c'est-à dire dans la décortication.

Sans abandonner le plan de grande culture, la décortication mécanique ne paraîtrait plus devoir s'imposer si une main-d'œuvre abondante de femmes et d'enfants, exigeant des salaires minimes, pouvait être employée à décortiquer manuellement à l'état vert et sur le champ même. On sait que l'enlèvement de l'écorce de la tige fraîche, sur pied, s'obtient avec la plus grande facilité.

Les expériences démontrent qu'une femme européenne habile peut, par la décortication en vert, obtenir théoriquement 15 kilos de lanières sèches par dix heures de travail, mais cet effort ne saurait être exigé normalement des populations intertropicales.

Ce procédé manuel, s'il a l'avantage de ne pas énerver la fibre, a l'inconvénient, suivant certains auteurs, de laisser intacts le revêtement épidermique et les matières agglutinatives où les fibres sont enfermées.

Quelle que soit la nature des procédés préconisés, la Ramie doit être traitée sur place, sur le champ même, en raison non pas du poids, mais du volume encombrant de la récolte brute. Quelques auteurs prétendent même que dans les climats chauds un dégommage doit suivre immédiatement la décortication pour éviter des fermentations. Il serait impossible, en effet, de mettre en balles des lanières non dégommées et de les expédier en Europe sans craindre la désorganisation du centre du ballot tout au moins.

Si la lanière de China-grass voyage bien, c'est qu'elle ne conserve pas plus de 25 à 30 % de ses gommes au moment de l'expédition.

Cependant quelques *décortiqueuses-défibreuses* ou des *décortiqueuses-racleuses* feraient un travail assez parfait de défibration ou d'apurement des lanières pour que les fermentations ultérieures de la matière mise en balles ne soient plus à craindre.

On le voit, le plan d'exploitation de la Ramie est subordonné aux conditions climatériques et économiques du milieu, et les procédés industriels de travail basés sur des principes si différents, tout en donnant des résultats, peuvent varier logiquement suivant les cas.

CULTURE DE LA RAMIE

La culture est des plus simples : elle ne repose même que sur une seule opération pour ainsi dire primordiale qui consiste presque exclusivement dans la préparation du sol.

La Ramie ne doit être plantée que dans les bonnes terres, profondes et où l'eau ne séjourne pas. Le sol argilo-silico-calcaire et celui riche en humus sont des localisations préférées par cette Urticée à grand développement herbacé.

En dehors de la région des pluies constantes, l'irrigation décadaire du sol s'impose.

La préparation du sol comprend :

1° Un défoncement très profond à la charrue à vapeur, au treuil ou par les passages successifs de charrues défonceuses ;

2° Un ameublissement de la surface du sol ;

3° L'établissement de rigoles d'irrigation plus ou moins écartées l'une de l'autre suivant le volume d'eau dont on dispose.

La Ramie se plante sur terrain plat sur lequel, dans des raies peu profondes, écartées de 0,30, on place à 0,25 ou 0,30 les uns des autres des rhizomes ou des plants : la raie est recouverte, puis on arrose.

La plantation en billons n'est pas à recommander.

Binage après ressuyage du sol ; nouveau binage quelque temps après. Dans une plantation compacte comme celle indiquée les binages deviennent impossibles au bout de 2 ou 3 mois ; il n'y a donc plus qu'à arroser.

Après quelques mois de bonne végétation la plantation a atteint une telle compacité que toutes façons culturales sont impossibles et inutiles. En effet, le sol est sillonné de rhizomes et de racines. Sur le système rhizomateux et horizontal se développent constamment des tiges, pendant que les véritables racines s'enfoncent dans le sol. Plus la souche prend de force en vieillissant, plus les tiges sont abondantes et développées.

L'entretien annuel se borne donc à l'irrigation et à la fertilisation du sol par des engrais chimiques, nitrate de soude et superphosphate de chaux, épandus en couverture périodiquement.

En résumé, la culture de la Ramie ne demande guère qu'une dépense de premier établissement, que l'on peut calculer suivant le prix de la main-d'œuvre dans chaque région :

1° Défoncement très profond ;

2° Ameublissement de la surface du sol ;

3° Plantation d'un hectare en 2 ou 3 journées ;

4° Valeur des plants ;

5° Quatre ou cinq binages.

Sur ce chapitre : valeur des plants, on aurait tort de tabler sur les cours actuels et conventionnels. Le plant est encore rare ; mais quand il y aura quelques hectares de Ramie dans une localité, le prix du mille s'abaissera à environ cinq francs de notre monnaie.

Le prix de la coupe est variable à la main : un bon faucheur européen peut théoriquement couper et mettre en petits paquets 2.500 tiges à l'heure. La faucheuse mécanique coupe fort bien la Ramie fraîche.

Si le procédé de traitement exige l'effeuillage préalable, ce qui est une dépense réelle suivant les pays, une femme adulte peut effeuiller 400 tiges par heure. On a intérêt à effeuiller sur pied, avant la fauche.

*
* *

Une plantation de Ramie doit être serrée, absolument dense, de végétation égale comme celle d'un beau champ de céréales. Alors les tiges sont droites, longues, peu feuillues de la base, ne se ramifiant pas, puis l'insolation n'a qu'une action très atténuée sur l'épiderme qui se durcit moins et est, par conséquent, plus attaquable par les traitements industriels.

Dans une bonne culture de Ramie on trouve 40 tiges au mètre carré : c'est un chiffre minimum à maintenir, mais la moyenne est généralement plus élevée :

Ramie blanche, 58 belles tiges, 20 tigelles.

Ramie verte, 45 — —, 15 tigelles.

Le diamètre de la tige de cette dernière est ordinairement plus grand et la tige plus élevée.

Comme conclusion culturale, on doit établir comme principe absolu que la Ramie est une plante de culture intensive au premier chef, exigeant, sous un climat choisi, bon sol, eau d'irrigation et fertilisation par des engrais si l'on veut provoquer et entretenir les nombreuses coupes que la plante doit donner sans interruption pendant toute l'année. Dans ces conditions, la quantité et la qualité de fibres produites annuellement à l'hectare sont supérieures à celles de haut prix provenant de l'*abaca* et du *sisal*, considérations qui imposent une large place à la Ramie dans l'industrie des textiles, si sa préparation devient économique.

Ch. Rivière.

M. le Président, après avoir commenté en peu de mots les termes de l'exposé qui vient d'être fait par M. le Rapporteur général, donne lecture de l'ordre du jour qui porte :

Constitution de trois sections ou sous-commissions qui seraient chargées d'étudier chacun des articles de ce programme et de présenter un rapport qui serait ensuite discuté en Assemblée générale.

Une discussion s'engage immédiatement sur ce point de l'ordre du jour.

M. Gavelle-Brière estime que la 2e et la 3e partie du programme ont entre elles une connexité telle qu'elles peuvent se fusionner, la 1re partie devant, en effet, faire l'objet d'études spéciales.

M. Rivière est d'avis que les industriels se trouvent dépourvus de compétence quand ils sont sur le champ de culture; trop d'intérêts sont contradictoires pour qu'ils puissent efficacement travailler en commun : tout système intermédiaire de discussion lui paraîtrait défectueux.

M. Gavelle-Brière tient à répondre à cette objection. Il se propose d'examiner la question des desiderata de l'industrie; les conclusions auxquelles il arrivera sont telles que si l'on n'assiste pas en commun aux discussions relatives à la décortication, l'intérêt général du Congrès pourrait avoir à en souffrir.

Quelques considérations relatives au décorticage et à la filature qui utilise les produits des décortiqueurs le conduisent à soutenir énergiquement qu'il ne faut pas éliminer les uns aux dépens des autres, mais bien arriver à une étude d'ensemble logique et judicieuse sur ce thème général: préparation et utilisation de la fibre. M. Favier exprime le même avis.

Après différentes observations, deux propositions contraires sont mises aux voix:

I. *Nommera-t-on des sous-commissions?* II. *Toutes les questions seront-elles discutées en séances plénières?*

L'assemblée consultée se prononce, par 10 voix contre 8 et de nombreuses abstentions, pour cette dernière proposition

L'ordre du jour appelle la discussion du rapport de M. Ch. Rivière en ce qui concerne la première question : « Si la culture de la Ramie qui est confinée dans un centre sino-asiatique peut en sortir et s'étendre dans des climats analogues et même plus favorables. »

M. Thierry pense qu'on peut la cultiver presque partout, mais qu'il y a de l'intérêt de l'agriculture française de savoir quelles régions lui conviennent le mieux.

M. Faure cite l'exemple de ses cultures en Limousin ; il a un demi-hectare de Ramie qui pousse dans des conditions parfaites et arrive à la hauteur de 2 m. 50 ; il ne pense pas que nulle part, sauf en Argentine, on puisse obtenir de meilleurs résultats. D'après lui, il faut, pour que cette culture réussisse, des terrains légers, un climat plutôt chaud et pluvieux. En admettant même une température un peu froide pendant les mois d'hiver, trois mois de bonne chaleur suffisent à assurer des résultats.

M. Favier, tout en rendant justice aux efforts de M. Faure, qui a fait une bonne machine, rappelle qu'il a personnellement fait des essais de culture de la Ramie en Vaucluse, dans le Rhône, dans les Bouches-du-Rhône, les Alpes-Maritimes, les Pyrénées orientales, sur de vastes surfaces, etc., un peu partout en France, et qu'il n'a bien réussi nulle part à cause du climat. Ce serait induire le cultivateur en erreur que de lui conseiller la culture en France.

M. Faure objecte que sans doute le climat, partout où ces essais ont été faits, était sec ; il a constaté lui aussi que dans les années de sécheresse le rendement diminuait de 50 0/0 ; conclusion : un climat pluvieux est nécessaire.

Il estime néanmoins que ce serait une erreur de pousser le cultivateur français à faire de la Ramie. Il ne soutient pas qu'en France ou même en Algérie la Ramie vienne dans des conditions idéales.

M. Michotte dit que si en France on ne peut arriver à un bon résultat, ce n'est plus la peine d'essayer.

M. Favier a fait des essais en Algérie, à Saint-Denis-du-Sig, la Ramie y vient très bien, malheureusement le manque d'eau est un obstacle.

M. le Président, pour simplifier la discussion et la clarifier en même temps, propose de prier M. Rivière, de lire la partie de son rapport qui a trait à cette question.

M. Rivière donne lecture du passage suivant :

CLIMATS CONVENABLES A LA RAMIE

« Il est peut-être excessif de poser en principe, ainsi que l'affirment quelques agronomes étrangers, que la culture de la Ramie appartient exclusivement aux climats à la fois chauds et humides, ou que, suivant des agronomes français, elle peut être pratiquée dans les parties tempérées de l'Europe.

« Ces opinions sont discutables à bien des points de vue et elles le sont certainement si elles s'appliquent indistinctement aux deux espèces signalées dont les tempéraments sont si différents : *Urtica nivea* et *U. tenacissima*.

« D'autre part, est-il bien exact de dire que si la Ramie n'a pas donné de résultats dans diverses contrées, Algérie, Tunisie, Madagascar, Réunion, Égypte,

Maurice, Natal, États-Unis, République Argentine, etc., c'est que ces climats ne sont nullement à la convenance de la plante?

« Le climat d'un pays n'est pas une entité unique. Il faudrait, pour être affirmatif, dire dans quelle partie du pays la tentative a échoué et si la plante a été placée dans son véritable milieu. Évidemment la Ramie, dans les États-Unis, ne peut pas végéter à Chicago, mais elle sera prospère sur le littoral du golfe du Mexique, dans la région de la canne à sucre, avec de l'irrigation, et, si elle ne réussit pas sur les plateaux de Madagascar, la pointe Nord, les parties basses et la zone du vanillier lui conviennent ; les terres à cannes et à bananiers sont de bonnes indications générales pour la culture de cette plante.

« Il serait peut-être imprudent d'attribuer aux mauvaises conditions qu'auraient présentées certains climats la lente éclosion de cette question. Ainsi qu'il est dit au début de cet exposé, c'est autant l'état général du marché des fibres que l'incertitude des procédés de traitement de la Ramie qui ont fait reculer l'emploi de cette dernière et conséquemment sa culture.....

« Le mode d'exploitation est variable avec les pays, et l'on a eu le grand tort en France, relativement à cette question, de tout rapporter aux conditions de la métropole, de l'Algérie ou de la Tunisie qui ne représentent pas les véritables milieux où la culture de la Ramie doit évoluer économiquement. La main-d'œuvre, dans ces cultures intensives, compliquées de questions industrielles, a une part prépondérante : or, son emploi est loin d'être résolu dans toutes nos colonies, sauf au Tonkin.

« En général, l'exploitation familiale ne paraît pas appelée à être la première étape de la production de la Ramie et ce n'est pas par cette voie que l'industrie, à ses débuts surtout, trouvera la matière première pour ses usines : elle n'aurait là qu'un approvisionnement incertain ou insuffisant.

« L'agriculture coloniale n'entreprendra de grandes plantations de Ramie que quand elle aura sous les yeux les exemples probants de son rendement et de son utilisation, car les frais de premier établissement en sont coûteux. D'autre part, les résultats des petits essais tentés un peu partout et sans méthode ont été peu satisfaisants, et il ne pouvait en être autrement. Ce serait donc continuer à perdre inutilement du temps que de solliciter n'importe où le concours de petits cultivateurs peu au courant de cette question et non convaincus de son avenir.

« Aussi, quelques compagnies étrangères, ne méconnaissant pas cette situation, ont-elles agi sagement en prenant récemment toutes mesures pour parer au manque ou à l'insuffisance de la matière première destinée à leurs usines et pour se soustraire aux fluctuations du marché chinois. Dans ce but, ces compagnies ont commencé à créer pour leur propre compte des plantations de Ramie, directement exploitées par elles, dans les zones intertropicales les plus favorables. Une compagnie étrangère aurait acquis 15.000 hectares dans la partie nord-est de Sumatra et aurait défriché plus de 500 hectares de forêt vierge déjà convertis en plantation de Ramie.

« Les industriels français doivent opérer de même, et en attendant l'implantation de cette culture dans nos colonies plus éloignées, l'Algérie offre, dans ses plaines basses du littoral Ouest, quelques milliers d'hectares qui peuvent permettre d'y obtenir un rendement moyen de la Ramie ; quoique cette plante soit là à sa dernière limite de production économique.....

« Les zones désertiques et steppiennes, malgré l'irrigation, ne paraissent pas favorables au développement de la Ramie, même avec le secours des arrosements, et les essais faits en Égypte, en dehors de la région de la canne à sucre, sembleraient le prouver.

« En résumé, les grandes terres de l'archipel de la Sonde, Sumatra, Java, paraissent être par excellence les centres de végétation luxuriante de la Ramie, puis viennent quelques autres climats insulaires, Ceylan, Havane, Jamaïque, etc., et les rivages des continents caractérisés par la présence du bananier. Mais il ne faut pas oublier cet axiome de simple pratique : « Toute culture, pour être rémunératrice, ne doit pas se faire à la dernière limite de la végétation de la plante. »

Développant son sujet M. Rivière indique qu'il faut pour la culture de la Ramie beaucoup d'eau; 4 à 500 mètres d'irrigation par hectare tous les dix jours environ, selon la nature des terrains.

M. Thierry soulève diverses questions au sujet de la culture de la Ramie dans les Antilles; il estime notamment que, dans la zone équatoriale, les irrigations pendant la saison sèche sont inutiles et bonnes au contraire pendant l'hivernage.

Une discussion s'engage entre M. Thierry et M. Rivière au sujet du sirocco et des vents alizés.

En résumé M. Thierry dit qu'il n'a pas été tenu un compte suffisant des climats intertropicaux et que le rapport a été ramené presque exclusivement au climat de l'Afrique du Nord. Aux Antilles dit-il, la végétation est tellement rapide qu'elle rattrape en peu de temps l'absence d'irrigation. La surproduction fatiguerait la plante.

M. le Président ne pense pas que la Ramie ait forcément besoin d'un arrêt de végétation; elle peut vraisemblablement donner en tout temps des pousses et des repousses; au Muséum on voit toujours en végétation, dans les serres chaudes, une espèce tardive, le *Bœhmeria macrophylla*. Dans la saison sèche, si on supplée à l'absence de pluies, on pourra obtenir de nombreuses coupes.

M. Thierry soutient néanmoins que dans la zone équatoriale la végétation est suspendue pendant deux ou trois mois et qu'il est inutile, pendant cette période, de faire de l'irrigation.

M. le directeur Binger rapproche des exemples fournis par M. Thierry ce qui se passe dans le golfe de Guinée où il serait également inutile pendant la saison sèche, de faire de l'irrigation mais il estime que le rapport de M. Rivière a prévu le cas, en disant que l'irrigation est inutile dans la région des bananiers.

M. Rivière tient à établir nettement les caractères qui différencient l'*Urtica nivea* de l'*Urtica tenacissima*; les appréciations différentes sur la culture de la Ramie viennent souvent de la confusion qui s'établit entre ces deux plantes. L'*Urtica nivea* semble convenir aux pays tempérés; l'*Urtica tenacissima* convient aux pays chauds et pluvieux. La seconde est celle des deux espèces avec laquelle on fabriquait jadis les belles toiles de Hollande; elle se comporte en général beaucoup mieux que celle des pays tempérés.

M. le Président propose comme conclusion d'indiquer :

II. — *Que l'Urtica nivea convient aux pays tempérés et l'Urtica tenacissima aux pays chauds et pluvieux.*

Adopté a l'unanimité.

M. le Président rappelle que la Ramie pousse spontanément au Tonkin et dans diverses parties de l'Indo-Chine; il semble, dès lors, qu'il y ait intérêt à pousser à la culture de la Ramie dans ces régions et particulièrement au Tonkin. La plus grosse objection qu'on fasse partout où nous essayons de préconiser la culture de la Ramie est le prix de la main-d'œuvre; mais elle est là-bas abondante et à bon marché; on fera œuvre utile en conseillant aux colons de développer cette culture en Indo-Chine, quand l'industrie aura admis l'emploi de ce textile.

M. Michotte demande qu'avant de prendre une décision à cet égard le Congrès soit fixé sur la grave question de l'écoulement des produits.

M. Cornu estime que les questions sont subordonnées les unes aux autres, les choses sont liées et d'ailleurs les votes de l'assemblée ne sont que conditionnels, la sanction définitive appartiendra à la dernière séance lorsque le Congrès aura embrassé toutes les questions.

Il demande si le Congrès est d'avis de conclure que la culture de la Ramie convient spécialement au Tonkin?

M. Favier dit que M. Viterbo, délégué du Tonkin à l'Exposition, pourrait fournir d'utiles renseignements.

Quelques membres présentent diverses observations sur cette culture en Indo-Chine et en Corée. Il en résulte que la Ramie vient en Indo-Chine dans les meilleures conditions; que cette région est le véritable pays d'origine de la Ramie; que la main-d'œuvre y est à bon marché, puisque l'Annamite s'emploie moyennant 16 à 18 centimes la journée et le Chinois au Cambodge et au Laos moyennant 8 à 10 piastres le mois; que les indigènes dans toute l'étendue de l'Indo-Chine cultivent et travaillent à la main cette plante, notamment pour la fabrication de filets et engins de pêche en Annam, de toiles et tissus au Tonkin; que d'autre part elle pousse partout abondamment et fournit une culture excellente pour les terrains qu'on ne peut pas mettre en rizière.

III. — *En conséquence, le Congrès émet l'avis que l'Indo-Chine et notamment le Tonkin paraissent convenir à la culture de la Ramie.*

ADOPTÉ A L'UNANIMITÉ.

On passe à la discussion des modes de culture.

M. Rivière lit la partie de son rapport qui a trait à cette question. Il conclut à la facilité extrême de la multiplication par rhizomes et à la nécessité d'une plantation très intense, très dense.

La deuxième question est la question des prix. Le prix des plants de Ramie est actuellement très élevé, mais quand on aura déjà planté quelque peu dans une région, le prix diminuera singulièrement, attendu que ce sont les premiers plants qui sont coûteux. Le premier hectare de la première année coûte cher, celui de la deuxième année ne coûte plus grand'chose. Dans la localité où il y aura trente hectares cultivés en Ramie, on trouvera des plants à très bon compte, surtout si l'on n'est plus obligé de s'adresser aux pépiniéristes. A partir de la deuxième année, il y a des éclaircissements qui s'imposent pour le tracé des rigoles d'irrigation.

On a régénéré des plantations qui ont plus de vingt ans, dit M. Rivière, en passant une herse; l'expérience confirme qu'on peut maintenir une plantation en excellent état pendant au moins dix ans sans frais nouveaux.

M. Faure confirme par expérience personnelle cette observation. Un carré planté depuis dix ans s'est régénéré en dédoublant les tiges.

Ce qui coûte cher, c'est la première année, à cause des travaux de défoncement, d'ameublissement et d'achat de plants.

Sur une question posée au sujet de la multiplication, on affirme qu'elle peut se faire par tous les moyens possibles; quant aux coupes, l'expérience a démontré que dans la zone intertropicale hum de 4, 5 et 6 coupes, sauf restitution fertilisante, peuvent être obtenues ; la complète élongation de la plante peut s'obtenir en six semaines.

M. Favier l'a obtenue en Egypte en six semaines.

En Limousin, M. Faure l'obtient en sept semaines.

M. Favier soulève une discussion intéressante, mettant en opposition l'intérêt du cultivateur et celui de l'industriel a propos de l'époque où la coupe doit se faire, mais M. Rivière fait observer qu'il y a là une question préjudicielle : il s'agit de savoir comment l'industriel est outillé.

Suivant M. Michotte, quel que soit le procédé industriel, il y a toujours intérêt à ce que la tige soit le mieux développée, mais aussi à ce qu'elle ait le moins de pellicule ; la question de décortication disparaît devant cette première constatation de M. Faure : la Ramie sera industrielle ou elle ne sera pas. Pour qu'elle soit industrielle, il faut que la fibre soit suffisamment bonne, qu'elle soit à son premier point de maturité ou à son dernier. En effet, M. Favier, dans ses nombreuses expériences, n'a trouvé que des différences de rendement presque insignifiantes, notamment dans les lanières de Ramie que lui a livrées M. Faure et qui provenaient de maturations différentes.

M. Gavelle insiste pour que le moment le plus favorable de la coupe soit nettement déterminé et M. Marcou s'associe à cette demande.

M. Favier pense que l'époque de la coupe la meilleure doit être après l'élongation complète et avant la floraison.

M. Faure coupe sa Ramie quand la pellicule commence à rougir.

M. Rivière estime que la question est très complexe : ce qu'il faut rechercher avant tout, c'est la coupe la plus rapide. On demandera aux décortiqueurs si leurs différents moyens s'appliquent aux différents états de la végétation et si leurs procédés mécaniques s'appliquent à tous ces états.

M. Gavelle voudrait que l'agriculteur pût lui dire à quelle époque il devra couper pour que la pellicule ait le moins d'épaisseur possible, la lanière contenant le plus de fibres possible, en un mot quel serait le moment le plus favorable à tous les points de vue.

Pour M. Rivière la réponse à faire est nette si l'on obtient la certitude que les procédés grossiers de décorticage n'altèreront pas les tiges. Alors la coupe doit se faire dès que l'élongation de la tige est terminée, *que sa partie terminale présente de la résistance, à dix centimètres de l'extrémité.* Moins on attend, moins le revêtement épidermique est formé.

M. Duponchel partage entièrement la manière de voir de M. Rivière.

On aborde la question de méthode de coupe : serpette, faucille, machine ?

M. Faure cite l'exemple de ce qu'il fait sur son terrain. On coupe à la serpette, et quand les tiges sont en tas, on les fait passer à la machine.

Sur une objection de M. Rivière, une discussion s'engage au sujet du poids et du nombre de tiges par hectare, puis sur la nécessité de l'effeuillage et sur le séchage.

En résumé, on met aux voix les divers modes de culture et les appréciations préconisées par M. Rivière et l'on adopte finalement la motion suivante :

IV. — *En général, la culture de la Ramie ne présente ni difficultés, ni frais considérables.*

Un terrain remué et profondément défoncé lui convient.

La coupe à la machine ou à la faucille donnera de bons résultats.

Deuxième séance.

Les membres du Congrès international de la Ramie se sont réunis en séance le vendredi 29 juin, à 9 h. 1/2 du matin, dans la salle des conférences de l'Exposition coloniale, sous la présidence de M. Maxime Cornu, président, MM. Martel et Rivière, assesseurs.

M. Rivière, rapporteur général, après la lecture du procès-verbal de la dernière séance, fait, en cette qualité, une observation au sujet de la culture de la Ramie dans les régions tropicales; il pense que l'irrigation est indispensable dans les pays chauds à périodes sèches : dans ces régions, la culture de la Ramie n'est possible que par l'irrigation; c'est une culture intensive, il faut lui donner environ 1.300 mètres cubes d'eau par mois.

M. Gavelle tient à faire remarquer 1° qu'entre la Ramie *nivea* et la Ramie *tenacissima* il y a un caractère de distinction bien tranché : la caducité de la *nivea*, tandis que la *tenacissima* reste à végétation constante.

2° Sur le moment de la maturité de la tige, il rappelle que M. Rivière l'a parfaitement déterminé en indiquant qu'il faut, pour reconnaître cette maturité, pincer la tige à 10 centimètres de l'extrémité et, dès qu'on s'aperçoit qu'elle offre une certaine résistance, elle est bonne à couper.

Le procès-verbal de la dernière séance est adopté.

L'ordre du jour appelle la discussion sur le rendement à l'hectare, en tiges et en filasse.

M. Rivière expose que ce rendement est absolument variable selon les climats, qu'il est donc très difficile d'établir à première vue le rendement à l'hectare. Il s'agirait au fond de savoir quel traitement les industriels veulent appliquer. Doit-on opérer en vert ou en sec?

La Ramie exige une culture intensive. Dans les bonnes cultures, elle atteint 1^m60 et quelquefois 1^m70; la plantation doit être dense; 40 tiges au mètre carré et, dans certains cas, 80 ou 85 tiges; mais en moyenne on peut réduire à 40 tiges utilisables, d'une hauteur de 1^m60.

Si l'on coupe en vert, le poids brut varie entre 18 à 25.000 kilogrammes.

M. Duponchel confirme ces observations; il est arrivé à 18.000 kilogrammes Mais, dans les pays chauds, immédiatement après la coupe on perd un poids considérable; il appelle sur ce point l'attention des cultivateurs et industriels.

M. Favier déclare avoir obtenu 30.000 kilog. donnant 6.000 kilog. de filasse complètement décortiquée fournissant 800 kilog. de filasse dégommée.

M. Michotte est d'accord avec ces chiffres.

M. Gavelle estime qu'entre les cultivateurs et les industriels il faudra toujours un intermédiaire. Pour la Ramie, comme pour le lin, comme pour le coton, comme pour la laine, les filateurs n'iront pas acheter leur Ramie au producteur.

Il ne faut pas compter que l'intermédiaire achète jamais la Ramie sur pied au poids de la tige verte. Il n'a pas intérêt — au contraire — à ce qu'elle pèse beaucoup, mais bien à ce qu'elle contienne beaucoup de filasse.

M. Rivière est de cet avis; il y a en effet place pour un intermédiaire, non pas au point de vue commercial seulement, mais comme industrie de préparation des fibres.

M. Gavelle estime qu'il y a place pour une industrie spéciale qui serait la décortication de la Ramie, mais M. Rivière la subordonne aux procédés qui seront mis à la disposition des cultivateurs.

Il est incontestable, suivant M. Favier, que l'intermédiaire est indiqué pour la décortication en sec. A l'état vert, il semble que le cultivateur pourra peut-être faire lui-même la décortication.

M. Michotte a une opinion analogue; il est convaincu que la Ramie a besoin d'un industriel qui achète la Ramie sans s'inquiéter de savoir quel sera le procédé de décortication, qui a dégommera, et qui la vendra peut-être à l'état brut.

On se trouve en présence d'une plante textile de poids formidable; il faut qu'elle soit réduite à son état le plus simple, c'est-à-dire à la fibre.

Si on veut faire de la Ramie avec des usines de décortication nécessitant un matériel qui coûte 3 ou 400.000 francs, on hésitera à se lancer dans cette voie. Il faut par les procédés les plus simples se débarrasser de ces poids énormes et encombrants résultant de la coupe brute d'un hectare de Ramie.

M. Favier est de cet avis, pour la décortication à l'état vert, mais elle n'exclut pas l'usine indispensable pour la décortication à l'état sec. Il est vrai, dit-il, que la tige sèche donne 20 % de filasse complètement décortiquée, pellicules enlevées.

Après diverses observations de MM. Michotte, Gavelle et Cornély, M. Rivière signale qu'il a assisté la veille avec plusieurs de ses collègues à d'intéressantes expériences de M. Faure faites par différentes machines de son invention qui produisent de la lanière non dépellulée, dépelliculée et même défibrée. Dans un cas, par un mode très simple de raclage, l'épiderme est enlevé et laisse une lanière bien dépelliculée.

M. Gavelle confirme qu'une des machines de M. Faure donne un produit bien dépelliculé analogue au China-grass

A la suite de discussions rendues confuses par suite des termes employés par les orateurs, M. le Président ramène la question sur son véritable terrain et insiste sur la nécessité de définir les différentes parties qui engluent les fibres. Ces parties sont, d'après lui, comme suit: 1° la pellicule, 2° la gomme; elles agglutinent la fibre pure. L'ensemble de l'écorce renfermant les fibres, la gomme et la pellicule doit s'appeler lanière.

Une longue discussion s'engage sur la précision des termes qu'il s'agit de déterminer; on examine successivement les appellations anglaises et françaises et l'on cherche à éviter, par une classification exacte et précise, les confusions préjudiciables aux intérêts des cultivateurs et des industriels.

M. Rivière propose, pour l'écorce séparée du bois, les deux expressions: *lanière brute* quand elle possède son épiderme, et *lanière dépelliculée* quand elle en a été privée.

M. Gavelle ayant comparé cette dernière au China-grass, M. Rivière explique que le China-grass est une matière absolument spéciale qui a subi une foule de préparations et M. Cornu confirme qu'elle est une lanière dépelliculée qui a subi des manipulations, mais que la réciproque ne serait pas exacte en ce sens qu'on ne peut dire que la lanière dépelliculée est du China-grass.

On vote sur l'adoption de cette motion:

V. — *Le Congrès, pour définir nettement la lanière, adopte les deux termes : lanière brute et lanière dépelliculée.*

ADOPTÉ A L'UNANIMITÉ.

M. le Président. — Dans la lanière qui a été dépelliculée, il reste différents produits, la gomme notamment ; la lanière dépelliculée et dégommée doit s'appeler la filasse.

M. Rivière pose une objection : la lanière dépelliculée s'obtient soit par la mécanique, soit par le traitement chimique.

Mais alors, répliquent MM. Gavelle, Favier et Michotte, nous arriverons à une extraordinaire confusion de termes selon que le dégommage sera obtenu par tel ou tel procédé. « Ne vaut-il pas mieux, dit M. Gavelle, donner aux produits des *marques* correspondant aux procédés qui leur ont donné naissance ? » Il faut en effet que la classification adoptée par le Congrès soit adoptable par l'industrie.

M. Rivière insiste pour démontrer que quatre termes très précis et très clairs valent mieux que l'énumération d'une foule de marques.

Il propose les quatre termes suivants : lanière brute, lanière dépelliculée, filasse non dégommée, filasse dégommée.

M. Gavelle insiste aussi pour que la définition qui sera adoptée indique nettement quel doit être l'état de la matière pour qu'elle soit adoptable par l'industrie ; pour que ce soit de la filasse, il faut qu'on puisse l'employer au peignage sans dégommage.

M. le Président propose cette définition :

VI. — *La filasse est un produit qui peut passer au peignage sans dégommage préalable.*
Adopté.

La question du rendement à l'hectare soulève ensuite une discussion assez compliquée.

Une tige de 1 m. 60, dit M. Rivière, donne à peu près 3 grammes de filasse prête à entrer en filature ; à l'hectare, cela représente théoriquement 1.200 kilog. de matière industrielle ; si l'on suppose 4 coupes par an, cela ferait 4.800 kilog. ; en réduisant à 4.000, on peut évaluer le rendement d'un hectare à 4.000 kilog. d'une filasse à peu près dégommée, c'est-à-dire contenant encore environ 10 % de gomme.

Le premier terme, 3 grammes, est contesté par M. Michotte et par M. Duponchel. Ce dernier estime que le rendement moyen par tige, en filasse contenant encore de 10 à 12 % de gomme, est de 2 gr. à 2,1 gr. ; soit 700 kilog. par hectare de fibres prêtes à passer au peignage. Il ajoute que si l'on tient compte de la différence de rendement existant entre les 4 coupes d'une même année, on sera beaucoup plus près de la vérité en estimant que le rendement net moyen sera de 600 à 650 kilog. par hectare.

M. Promio demande si l'on entend parler de la filasse dégommée ou non dégommée.

M. Favier estime que le rendement de 3 grammes de fibre dégommée, par tige, indiqué par M. Rivière, est trop élevé. C'est le rendement qu'on peut estimer en fibre non dégommée.

M. Rivière déclare que c'est là un rendement moyen fourni par différents procédés.

M. Gavelle, après une longue discussion avec MM. Michotte, Favier et autres, indique qu'il ne faut pas, dans l'appréciation du rendement, préjuger l'obligation du dégommage, parce que beaucoup d'industries n'en ont pas besoin.

Mais on fait remarquer qu'il est nécessaire d'évaluer le rendement en poids de fibres pures.

Enfin, le Congrès se prononce dans ce sens nettement indiqué par le Président.

VII. — *La Ramie de 1 m. 60 en moyenne produit, par hectare et par coupe, environ 800 kilog. de filasse complètement dégommée.*

ADOPTÉ A LA MAJORITÉ.

La séance est renvoyée à 2 h. 1/2.

Troisième séance.

M. le Président annonce que le Congrès va avoir à traiter une première question extrêmement importante : Y a-t-il place pour un intermédiaire entre le cultivateur et l'industriel? Pense-t-on que le cultivateur doive procéder lui-même aux opérations qui suivent la récolte de la Ramie, ou croit-on au contraire qu'il lui faut, comme cela se passe pour la betterave, une usine centrale qui se charge de mettre en œuvre les produits de sa culture?

M. Favier. — Pour le traitement de la Ramie à l'état sec, l'usine s'impose. Pour la Ramie à l'état vert, l'agriculteur doit pouvoir décortiquer lui-même.

M. Gavelle-Brière souhaiterait, quant à lui, qu'il existât une industrie d'entrepreneurs de décortication ; cependant on sait qu'au point de vue industriel, plus il y a d'intermédiaires, plus le produit est cher, mais M. Gavelle-Brière rappelle que quiconque s'est occupé de Ramie sous le double rapport de la culture et de l'industrie pense qu'un intermédiaire est *nécessaire*.

Suivant M. Marcou, il en sera, sans doute, de la Ramie comme de la betterave, ainsi que le faisait fort bien remarquer tout à l'heure M. le Président. Au début, il sera nécessaire qu'il y ait un décortiqueur distinct du cultivateur, puis, peu à peu, la situation changera; l'agriculteur, le planteur, mis au courant des procédés chimiques ou de machinerie aptes à lui procurer une décortication satisfaisante, supprimera de lui-même l'intermédiaire onéreux et inutile.

M. le Président. — L'un des avantages principaux d'une usine centrale, c'est de permettre à la petite culture de faire de la Ramie. On objecte les frais de transport du lieu de production à l'usine. La création d'une usine centrale au milieu et à proximité des cultures de toute une région diminuerait justement ces frais.

M. Gavelle-Brière ne pense pas qu'il faille s'arrêter à la conception d'une usine au sens où l'entend M. le Président. Il trouve au contraire que l'entrepreneur de décortication devra se transporter sur place avec sa machine.

M. Favier. — Il me semblerait naturel que les agriculteurs apportassent leur récolte à l'usine, comme l'on apporte le blé à la minoterie. Je crois que ce problème peut se réaliser sans augmentation trop considérable de frais, comme pour le blé, comme pour la betterave, et que le décortiqueur à façon n'est pas indispensable.

M. le Président. — En effet, s'il y a trois ou quatre coupes, le déplacement de la machine, qui n'est pas indispensable, pourrait devenir très onéreux.

M. Gavelle-Brière. — Toute la question est de savoir si on adoptera le décorticage en sec ou non. Le décorticage en sec ne nécessite qu'un outillage relativement peu coûteux et le cultivateur peut à la rigueur faire cette opération lui-même. Il en est tout autrement pour le décorticage en vert.

M. Michotte n'est pas de cet avis. La création des usines centrales n'a rien produit. Le cultivateur, dit-on, n'achètera pas une machine; il en a bien acheté pour battre le blé. Du moment qu'il faudra transporter la Ramie, que ce soit en vert ou en sec, il n'y aura plus de Ramie.

M. Duponchel. — Une usine centrale aura plus d'intérêt a transporter à distance raisonnable l'énergie nécessaire à actionner des machines qui travailleront la tige sur place. Dans ces conditions on évitera le transport d'un poids mort considérable.

Un membre estime que la culture de la Ramie devra surtout se faire dans les colonies qui en produisent naturellement. A ce titre, l'Indo-Chine est mieux placée qu'aucune autre ; mais les moyens de communication y sont très onéreux ; il faudra là-bas que ce soit le cultivateur qui décortique lui-même sa Ramie.

Aux colonies, le moindre transport, ne fût-ce même qu'à dos de mulet, d'un seul mulet, ressort à des prix considérables.

M. Michotte. — On parle de transporter une machine comme d'une difficulté, et l'on en trouve pas à transporter 30.000 kil. par coupe et par hectare, parce qu'ils sont séchés.

Il est bien certain dans tous les cas que le transport de la machine coûtera toujours moins cher que le transport de la Ramie ; conclusion : pas d'usine centrale, puisque le cultivateur doit y transporter une marchandise très lourde ; de même, pas de décortiqueur à façon en raison des frais de transport de sa machine.

Il faut que le cultivateur ait sa machine à lui, comme il a des faucheuses, des batteuses pour le blé, etc.

M. le Président. — Le Congrès paraît d'avis que :

VIII. — *Au point de vue de la décortication tout au moins, la Ramie soit traitée sur place, dans le champ, pour éviter de grosses dépenses de transport.*

Cette proposition est mise aux voix.

ADOPTÉ.

M. le Président. — Messieurs, il existe une série de questions qui ont longuement divisé le monde de la Ramie et que nous devons traiter aujourd'hui. La première que je doive soumettre à vos délibérations est celle-ci : Doit-on décortiquer la Ramie en sec ou en vert?

L'une et l'autre méthode ont leurs avantages et leurs inconvénients.

M. Favier. — Les deux produits sont utilisables. Mais celui qui donne lieu aux plus grands débouchés est le décorticage en sec, qui ne comporte pas de dégommage, pas de manipulations. Je dois avouer cependant que les objets de fabrication ainsi obtenus sont plutôt du commun. Le vert, au contraire, donne les linges de table, la fantaisie. Pour la force, pour l'article ordinaire, je préconiserai le décorticage à l'état sec.

M. Gavelle-Brière. — Je suis heureux de constater l'accord qui existe entre nous.

M. Favier. — Dans tous mes écrits, j'ai prôné le décorticage à l'état sec. Je ne me suis rangé du côté de ceux qui veulent le décorticage en vert que par suite de l'impossibilité d'obtenir qu'on décortique à l'état sec. J'ai un matériel tout prêt pour la filature de ce produit que je puis immédiatement acheter s'il est à l'état de filasse bien dépelliculée.

M. Michotte. — Je voudrais bien savoir comment on peut faire sécher la Ramie ; je fais faire à mes machines le vert et le sec, mais je voudrais qu'on me montrât comment on séchera la Ramie.

M. Favier. — On peut la faire sécher ; j'y suis arrivé en Algérie, en Egypte...

M. Gavelle-Brière. — Messieurs, je ne suis l'inventeur d'aucun procédé, ni d'aucune machine, ni d'aucune méthode... Mais, représentant ici de l'industrie linière, je dois me placer uniquement au point de vue de l'utilisation de la Ramie par la filature. Eh bien! pour trouver de grands débouchés auprès des filateurs du Nord, il faut la présenter décortiquée en sec. Le jour où vous pourrez présenter à la filature de lin de la filasse de Ramie à l'état sec, ne contenant ni pellicule ni bois... vous trouverez des débouchés considérables.

A quel prix pourrait-on offrir ce produit? C'est la seconde question que je me propose de traiter.

Messieurs, le lin n'est pas un produit d'une valeur uniforme. Elle varie actuellement, suivant la provenance, de 70 et 80 francs jusqu'à 3 et 400 francs les 100 kilogs. Il convient donc, tout d'abord, de déterminer à quelle *sorte de lin* la Ramie peut être comparée: j'estime que celui qui peut être pris comme terme de comparaison est le *lin de Russie Taropol 1re sorte* qui valait 52 à 53 francs il y a deux ans et en vaut aujourd'hui 90 à 92. Il faut donc que la Ramie puisse s'offrir à un prix variant dans ces limites.

Si on ne peut arriver à ces prix, il faut déclarer — au point de vue de l'utilisation par la filature de lin tout au moins — que la Ramie ne peut entrer dans la grande consommation.

A mon avis, pour que la filasse de Ramie puisse entrer dans la grande consommation, il faut qu'elle puisse se vendre aux environs de 70 francs les 100 kil. cours moyen.

M. Michotte. — Pour moi, le séchage est impossible, vu la quantité considérable à traiter; et la dépense de charbon nécessaire en empêchera toujours l'utilisation industrielle.

M. Duponchel. — Si les deux produits étaient parfaitement déboisés et dépelliculés, à quel traitement conviendraient-ils le mieux : vert ou sec?

M. Gavelle-Brière. — La Ramie en vert contient beaucoup de gomme; en sec, elle en contient moins. On arrive en filature à de meilleurs résultats en sec; dans l'*industrie linière* on préférera toujours la filasse provenant de la décortication en sec.

M. Duponchel fait des réserves et montre au Congrès des fils faits du vert.

M. Marcou. — Permettez-moi, Messieurs, de me placer au point de vue des deux opinions qui viennent d'être exprimées. M. Duponchel travaille la Ramie pour la filer lui-même; M. Gavelle se place au point de vue de la filature du lin en général. Faut-il s'occuper de la Ramie au point de vue de tous ou au point de vue d'un seul? M. Gavelle vous dit : Si vous donnez une filasse en sec, vous travaillez pour tous les filateurs. M. Duponchel, au contraire, vous propose un produit superbe, mais qui ne pourra être utilisé que par lui seul.

M. Duponchel répond que M. Marcou est dans le vrai pour le présent du moins, mais que la société à laquelle il appartient, compte dès que ses plantations auront acquis leur importance globale, fournir à l'industrie linière des produits entièrement dégommés et susceptibles d'être filés.

M. Michotte. — J'en reviens toujours à ma question : Oui ou non, peut-on sécher la Ramie?

M. Duponchel. — Là n'est pas absolument la question : les spécialistes nous ont affirmé qu'on le pouvait, et de nouveaux procédés sont à l'étude; mais, à mon avis, la question est de savoir si, quand elle a été traitée à l'état sec, il ne lui reste pas encore assez de gomme pour nécessiter le dégommage.

M. le Président. — Il me semble que la question qui nous occupe avait été très bien posée par M. Favier : si on décortique en sec, on obtient un produit parfaitement suffisant pour certaines industries.

M. Gavelle-Brière. — Oui; mais où M. Favier arrête-t-il l'emploi de la Ramie décortiquée en sec? Pour moi, j'ai filé jusqu'au n° 21 métrique, correspondant au n° 35 anglais et j'estime qu'on peut aller jusqu'au n° 40 anglais.

M. Favier. — Si nous entrons dans le détail, je dirai que pour pousser au-delà des numéros 20, il faut de la Ramie en vert.

M. Marcou apporte l'opinion d'un filateur qui n'a jamais fait de Ramie et qui, à la vue des échantillons spéciaux de sa vitrine, lui a dit qu'il était prêt à acheter des quantités de filasse de Ramie décortiquée en sec et qu'il n'achèterait jamais le China-grass décortiqué en vert.

M. le Président. — Je crois que le Congrès ferait une très bonne œuvre en adoptant la définition de M. Favier :

La Ramie décortiquée en sec a un emploi immédiat qui sera limité à la finesse du n° 20 environ. Au delà de ce numéro, il faut employer la Ramie à l'état vert.

La première est excellente pour les articles communs.

La seconde convient pour ceux de luxe.

M. Gavelle-Brière confirme cette définition et il ajoute qu'il faut que les cultivateurs soient bien prévenus que tant qu'ils pourront faire de la décortication en sec, ils doivent la faire.

M. Duponchel rappelle que la Ramie est putrescible quand elle est insuffisamment dégommée. Tout en le reconnaissant, M. Gavelle-Brière dit qu'il en est de même de tous les produits textiles. Il faut les employer immédiatement, en sec autant que possible, faire le fil et blanchir ensuite. Il n'y aura pour la Ramie aucune difficulté de plus.

M. Favier. — Absolument exact. On obtiendra l'imputrescibilité après.

M. Duponchel est d'un avis tout opposé. Il pense qu'il est de beaucoup préférable de débarrasser la fibre de toutes ses gommes avant de la filer.

M. Gavelle Brière. — Dans tous les cas, il est très bon de prévenir les cordiers, par exemple, que la Ramie non dégommée n'est pas imputrescible.

M. Favier. — Pour le dégommage des fils, il existe des industriels qui le font ; le filateur n'aura donc pas à se préoccuper de ce point de vue.

On passe au vote de la proposition de M. Favier :

Avec la Ramie à l'état sec, on peut aller jusqu'aux numéros moyens ;

Au delà, on peut avoir des produits capables de rivaliser avec la soie en décortiquant à l'état vert.

M. Rivière préfère le mot *travailler* au mot *décortiquer* qui semble imposer une méthode unique de traitement.

M. Gavelle-Brière et M. le Président s'efforcent de conclure et de définir nettement les questions soumises au Congrès : Définissons d'abord les anciennes méthodes, les méthodes les plus connues; nous étudierons après les méthodes mixtes.

M. Gavelle-Brière affirme qu'en tout cas aucun système de décortication n'est possible, au point de vue de l'utilisation en filature, que par machine.

M. Pümping. — Pour certaines filatures, le vert est préférable.

M. Michotte. — Tout cela est une question de prix : M. Gavelle nous dit que le décorticage en sec est meilleur, parce qu'il pense qu'on en peut offrir des prix plus rémunérateurs. M. Pümping déclare préférer le vert. Quels sont donc ses prix ?

M. Marcou. — Il y a en effet deux classes d'acheteurs : ceux du lin préfèrent le sec ; ceux de la Ramie, les ramistes, les spécialistes, préfèrent le vert.

M. le Président. — Pour résumer les débats, je vous soumets à nouveau la proposition de M. Favier formulée ainsi :

IX. — *Le décorticage en sec est immédiatement utilisable par la filature, mais ne donne que des numéros moyens.*

ADOPTÉ PAR 6 VOIX CONTRE 1 : nombreuses abstentions.

X. — *Cette filasse offre de grandes facilités pour l'acheteur.*

ADOPTÉ PAR 10 VOIX : nombreuses abstentions.

XI. — *La Ramie traitée en vert permet de faire des fils au-dessus des numéros moyens qu'on ne peut obtenir avec la décortication en sec.*

ADOPTÉ.

M. Michotte revient sur les difficultés du séchage.

Une longue discussion s'engage à nouveau sur ce sujet.

M. Lacote expose que dans l'Anjou on met le chanvre à rouir, et qu'ensuite on le transporte dans les fourneaux.

M. Michotte. — L'assimilation n'est pas possible.

On nous a dit aussi : nous séchons sur des fils de fer ; mais comment faire supporter à des fils de fer un poids aussi considérable que celui de la Ramie ?

On a dit : on sèche au soleil ; or, le lendemain les tiges sont pourries.

Dans des étuves ? Quelle étuve sera assez grande et quelle dépense de charbon ?

Sous des hangars ? Le résultat est 2 kil. pour 100 kil.

Sur le terrain ? Dans quel terrain, dans quel pays ?

Les pays qui produisent la Ramie sont, vous l'avez dit vous-mêmes, les pays chauds et pluvieux, humides en somme ; est-ce sur ce terrain que vous ferez sécher votre Ramie ?

On a obtenu évidemment de la Ramie sèche en séchoir, mais à quel prix ? Songez qu'il faut 120 kil. de charbon pour évaporer 1 mètre cube d'eau... théoriquement. Le fabricant dépensera beaucoup plus !...

Si la décortication en sec était facile, je serais le premier à la préconiser, j'aurais une machine beaucoup plus facile à manœuvrer.

Nulle part on ne pourra dire que la décortication à l'état sec est possible : ni en Algérie, ni au Tonkin, ni à Sumatra.

M. Favier proteste au nom de l'Algérie. Divers membres font remarquer que du Tonkin à Sumatra on ne fait que le China-grass.

M. Rivière reconnaît que les cultivateurs ont toujours été aux prises avec de grandes difficultés de manipulation pour le traitement en sec. Il rappelle que les populations indo-chinoises ont toujours traité en vert. Pour lui, moins les tiges sont sèches, plus la décortication se fait mal pour le travail en sec. Pour faire sécher, il faut des espaces immenses et des frais de manipulation énormes. Sans doute on a bien essayé d'obtenir la dessiccation à l'air libre ; mais dans ce système la dessiccation absolue est difficile, sinon impossible à obtenir. En somme, c'est là une question d'appréciation industrielle... La corderie dira d'ailleurs qu'elle ne tient pas à une défibration absolue. Chacun se place à son point de vue, mais M. Rivière pense que, pour arriver à mettre tout le monde d'accord, on doit arriver à déterminer les moyens les plus simples et les plus pratiques de production, dans un but déterminé, visant telle ou telle industrie.

M. Favier signale qu'il a séché de la Ramie à Saint-Denis-du-Sig, en Égypte et même en France.

M. Promio, sans pouvoir rien nous dire encore, espère d'ici au mois d'octobre être en mesure d'indiquer un moyen de dessiccation.

M. Pümping craint que la dessiccation n'entraîne une fermentation inévitable.

L'avis de M. Gavelle-Brière est que les tiges de Ramie séchées et décortiquées donnent une matière qui n'est pas comparable, au point de vue de l'utilisation industrielle, aux tiges décortiquées en vert et affirme que, le jour où on apportera aux filatures de lin du Nord de la Ramie décortiquée en sec, on trouvera un débouché considérable.

On objecte qu'il reste de la gomme. Erreur. La contexture de la gomme est telle qu'elle s'élimine par la décortication en sec.

M. Pümping, représentant de la filature de Ramie de Bellegarde (Ain), (1) n'emploie que de la Ramie à l'état vert; néanmoins il estime qu'il faut attacher une grande importance aux déclarations de M. Gavelle.

M. le Président pense aussi que ces déclarations ont une importance considérable.

M. le Rapporteur général. — S'il ne s'agit pour être absolument certain de trouver le placement de tout ce qu'on peut produire en Ramie que de trouver un procédé de dessiccation qui, facilitant la décortication, éviterait les incertitudes du dégommage, la question se simplifierait.

M. Gavelle-Brière. — Je prends note de ce que dit M. Rivière... Après la déclaration que j'ai eu l'honneur de vous faire au début de cette séance, la sienne prend une importance capitale.

M. le Président. — M. Pümping, avec sa grande compétence, M. Gavelle, avec toute l'autorité qui s'attache à sa qualité de secrétaire général du Comité linier du nord de la France, nous disent que cette industrie est prête à adopter la Ramie quand nous la lui fournirons à l'état de filasse traitée en sec; M. Rivière pense qu'on peut arriver à ce résultat; ces diverses opinions ont une importance énorme; à elles seules, elles suffiraient à donner à notre Congrès le caractère sérieux et pratique qu'il doit présenter. Je vous invite à préciser ces débats sous forme de motions : 1° Le Congrès est-il d'avis que la dessiccation des tiges soit possible? 2° Le Congrès peut-il émettre l'avis qu'il y a un grand nombre de pays où la dessiccation des tiges soit possible?

M. Rivière expose que, dans la première phase d'utilisation de la Ramie, tous les efforts se sont portés sur le traitement en sec, qui présentait des difficultés de toutes sortes, par suite tout au moins de l'état peu avancé des procédés qui lui étaient applicables De là les recherches par le traitement en vert. Ce dernier traitement, qui permet une décortication plus rapide et faciliterait le dégommage, ne correspondrait pas exactement aux besoins de l'industrie et M. Gavelle indique une autre voie. Suivant notre collègue autorisé, avec la lanière sèche on obtient un produit qui passerait immédiatement au peignage, *sans dégommage*, ce que l'état d'une lanière corticale ne permet pas de comprendre, ajoute M. Rivière

M. Gavelle répond qu'il ne peut que s'en référer à ses déclarations précédentes et que si M. Rivière conteste les déclarations faites en son nom personnel et comme représentant de l'industrie linière, son concours n'a plus raison d'être dans le Congrès.

M. Rivière n'entend pas mettre en doute les dires de M. Gavelle, mais il pense qu'il y a confusion au sujet des opérations applicables à la Ramie dans le traite-

(1) Autres filatures de Ramie en France : MM. Favier et Cie (Ramie Française), à Valabre. — Gavelle-Brière, à Lille. — Société française de la Ramie, à Malaunay.

ment en sec qui, suivant lui, ne peut faire passer brusquement la lanière brute à un peignage économique sans opération intermédiaire. Tout en conservant son opinion, il ne croit pas devoir insister devant l'autorité de son collègue.

M. le Président, envisageant les deux avis exprimés, pense qu'ils ne paraissent pas aussi éloignés qu'ils le semblent à première vue et que la réponse à la question posée par M. Favier aidera certainement à les concilier :

Est-il possible de sécher économiquement les tiges de Ramie ?

XII. — *Le Congrès conclut qu'il n'est pas facile de sécher la Ramie avec les moyens connus jusqu'à ce jour.*

La prochaine séance aura lieu le lendemain 30 juin, à 9 h. 1/2 du matin.

Quatrième séance.

SAMEDI 30 JUIN — MATIN

Les membres du Congrès international de la Ramie se sont réunis en séance le samedi 30 juin, à 9 h. 1/2 du matin.

Avant l'ouverture des délibérations, M. Boulland de l'Escale, secrétaire-rédacteur, présente M. Viterbo, délégué du Tonkin, qui a obtenu de M. Nicolas, commissaire de l'Indo-Chine a l'Exposition, l'autorisation de venir dire ce qu'il sait au sujet de la Ramie en Indo-Chine.

M. le Président pose à M. Viterbo trois questions bien distinctes :

Là Ramie est-elle cultivée au Tonkin ?

La décortique-t-on, et comment ?

Est-elle utilisée sur place ? Paraît-elle utilisable en France ?

A ces trois questions, M. Viterbo, qui s'excuse de n'avoir pas eu le temps de préparer des éléments d'information, répond : « Au Tonkin, la Ramie vient partout ; les pêcheurs s'en servent pour la fabrication de leurs filets, de leurs cordages ; elle a un grand nombre d'utilisations industrielles locales. Quant aux essais de cultures par l'Européen, ils en sont encore à la période de tâtonnement.

« Le décorticage se fait à la main et les indigènes utilisent la Ramie non dégommée.

« Le champ d'expérience est très vaste et sans doute on y pourrait faire d'intéressantes tentatives... Mais encore faudrait-il avoir des acheteurs qui consentent à venir prendre sur place le produit. En général, les colons ont été découragés par l'absence de demandes et par l'insuffisance des prix offerts. »

Sur la demande de M. le Président concernant les tentatives faites par M. Crozat de Fleury, M. Viterbo répond que la mission de M. Crozat de Fleury n'a rien donné ; puis en 1889 est venu M. Dumas ; et ensuite M. Galianotch dans la province de Hanoï ; mais les uns et les autres n'ont obtenu aucun résultat.

M. le Président rappelle que M. Crozat de Fleury avait proposé à M. Barbe, ministre de l'agriculture, de faire préparer la Ramie à la main par les indigènes et de la faire recevoir en paiement de l'impôt, mais l'administration locale a fait quelques difficultés. M. Viterbo dit que le gouvernement ayant aboli le système du paiement de l'impôt en nature, aujourd'hui une proposition d'établir le paiement de l'impôt en Ramie trouverait les mêmes résistances auprès de l'administration locale.

M. Gavelle-Brière rappelle les divers points de la mission Fleury et M. Viterbo se souvient que les essais ont été infructueux : à cette époque-là, la colonisation était timide, on n'en était pas arrivé encore à la période de pacification dans laquelle l'Indo-Chine est entrée et qui permet de mettre à profit les immenses territoires dont nous disposons.

A la question de M. Cornu : « La quantité produite par les indigènes est-elle considérable ? » M. Viterbo répond : « De Haïphong à Saïgon il y a 1.500 kilomètres de côtes habitées par des pêcheurs ; ils ont leur outillage complet en Ramie, mais leur outillage ne provient évidemment que de la petite culture. Leurs procédés de travail sont très simples : ils mettent leur Ramie à rouir, puis ils la décortiquent et la dégomment, mais ce dégommage doit se faire d'une façon tout à fait imparfaite. »

Sur les demandes de MM. Gavelle-Brière et Promio concernant le rouissage, le filage et l'état de la main-d'œuvre s'appliquant à la Ramie, M. Viterbo rappelle encore une fois qu'il n'est pas un spécialiste et qu'il n'est pas préparé pour répondre à toutes ces questions. Cependant il affirme que des entreprises de cette nature trouveraient au Tonkin une situation favorable, une main-d'œuvre abondante, intelligente et à bon marché, c'est-à-dire d'environ 30, 35 et 40 centimes de notre monnaie, change compris, ouvriers non nourris. Le travail aux pièces est praticable, car le métayage donne de très bons résultats.

Si les indigènes indo-chinois sont chétifs en apparence, ce sont de bons travailleurs, résistant à la fatigue et au climat : de plus, ils sont très intelligents.

M. Viterbo termine en disant qu'il ne peut répondre avec précision aux détails qui lui sont demandés sur la décortication, le séchage et la quantité de produits obtenue par jour, mais il prie le Congrès de lui faire un questionnaire auquel il répondra après enquête sur place.

Le Congrès remercie M. Viterbo de ses renseignements et de son précieux concours.

Avant de clore cette discussion, M. Michotte rappelle pourquoi la mission Crozat de Fleury ne pouvait réussir : le procédé que l'on voulait imposer aux indigènes n'avait rien de pratique, et l'administration locale a fort bien fait en ne patronnant pas un mauvais outil et un mauvais système.

Après la déposition de M. Viterbo, le Congrès est entré en séance. M. Boulland de l'Escale a lu le procès-verbal, qui a été adopté, et M. le Président a donné la parole à M. Gavelle-Brière.

L'honorable membre expose que, dans la séance précédente, il s'est produit un malentendu entre M. Rivière et lui au sujet de la possibilité de peigner et filer la Ramie décortiquée en sec sans dégommage préalable. Ce malentendu provient sans doute d'une confusion dans les termes employés. En tous cas, pour qu'aucun doute ne subsiste à ce sujet dans les esprits, M. Gavelle soumet au Congrès une série d'échantillons de fils obtenus avec de la Ramie décortiquée en sec sans aucun dégommage ; ce sont des fils, dit-il, qui répondent aux besoins de la consommation courante — n°s 16 à 20 *filés* à sec et 35 *filés* au mouillé, les uns *écrus*, les autres blanchis après filature.

M. Rivière ne maintient ses doutes que suivant la position de la question. Dans la décortication en sec, telle qu'elle est pratiquée actuellement, peut-on passer immédiatement au peignage d'une lanière dépelliculée ou non ? Il est bien entendu qu'il parle de *lanière* et non de *filasse*.

M. Gavelle-Brière dit que les échantillons qu'il a apportés sont eux-mêmes une réponse péremptoire : ces échantillons sont produits avec de la filasse assouplie et peignée sur les peigneuses *à lin*. Tout l'avantage résulte de ce que la Ramie décortiquée en sec produit une filasse immédiatement utilisable.

M. Promio confirme cette opinion : à Lille, dans deux filatures, il a porté des tiges sèches de Ramie entières, on les a broyées immédiatement et, le soir, il en apportait le fil. Ce résultat a été obtenu grâce à la machine Bray d'Anjou.

M. Rivière ne le conteste pas, mais il ajoute que M. Promio oublie de nous parler du rouissage et du dégommage ; par son procédé il arrive à un rouissage et à un dégommage spécial et préalable. Mais M. Gavelle va plus loin...

M. Gavelle-Brière dit : « Voilà les fils obtenus. Je puis en parler avec d'autant plus d'indépendance que je ne suis l'inventeur d'aucun système. Ce que j'apporte, ce sont des fils obtenus avec des tiges de Ramie n'ayant subi aucune espèce de préparation d'aucune sorte, c'est de la Ramie séchée au soleil, broyée et peignée. »

M. Martel confirme que le produit est très employable ainsi, ce qui n'empêche pas que pour d'autres industries la Ramie en vert peut convenir.

M. Gavelle-Brière signale que le fait acquis est qu'on fait du 35 ; il estime qu'on peut même aller jusqu'au 40 ; or, la grande consommation de la toile se fait dans les numéros 16 à 40 anglais.

M. Rivière trouve qu'en effet ces déclarations réitérées de M. Gavelle ont une importance considérable et il s'étonne que dans ces conditions on se soit trouvé jusqu'à ce jour en présence de difficultés résultant de ce traitement de la Ramie. Si de simples procédés mécaniques doivent supprimer les aléas du dégommage chimique, on ne saurait trop les rechercher s'ils ne portent pas atteinte à la valeur initiale du produit.

M. Gavelle-Brière dit que ce qui s'est opposé jusqu'ici au développement de l'industrie de la Ramie dans cette voie, c'est qu'il n'existe pas de producteurs de Ramie décortiquée en sec ; il conclut que s'il résulte de la grande expérience de M. Rivière que l'on peut, en faisant des efforts, arriver au séchage de la Ramie, alors nous arriverons à des résultats considérables.

Pour M. Michotte, la question ne paraît pas à beaucoup près aussi simple : depuis vingt ans il présente de la Ramie non dégommée, personne n'en veut.

Pour employer la Ramie décortiquée *en vert*, il faut faire, répond M. Gavelle, un dégommage complet, en n'allant pas, naturellement, jusqu'à en faire de la pâte à papier. Si vous ne dégommez pas entièrement, le produit est mauvais.

La lanière provenant d'une tige décortiquée à l'état vert n'a pas du tout les mêmes propriétés au point de vue de la filature que celle décortiquée en sec.

Pour notre industrie il nous faut de la lanière provenant de fibres séchées.

M. Martel confirme cette opinion. Ces fibres donneraient des résultats excellents. La toile faite avec de la Ramie a des qualités de solidité qu'aucun autre textile ne peut donner.

M. Gavelle, pour compléter la très intéressante consultation de M. Martel, expose la façon dont se pratiquent les opérations de blanchissage.

M. Martel conclut donc que ce produit se prête à toutes les opérations et il a de plus un grand avantage sur beaucoup d'autres : il se prête, aussi bien que la soie, à la teinture.

M. Rivière ne nie pas la valeur de toutes ces observations, mais il dit qu'en assimilant le lin à la Ramie, l'on a oublié un élément important, le rouissage. Or, il demande si la Ramie pourrait supporter, avant ou après le traitement mécanique, le dégommage.

M. Gavelle-Brière reconnaît tout d'abord à la Ramie cet avantage énorme que le bois n'adhère pas à l'écorce, très grande difficulté rencontrée avec le lin. Le bois ne tenant pas, on peut passer immédiatement au peignage, sans rouissage ; quelques manipulations préliminaires donnent un dégommage mécadique suffisant.

Sur une question qui lui est posée au sujet des échantillons qu'il a présentés au Congrès, M. Gavelle-Brière répond : il n'y a aucune préparation, ni gazeuse, ni chimique, aux produits qu'il a présentés.

M. Rivière revient encore sur le même ordre d'idées : la défibration complète en sec aurait besoin d'une manipulation spéciale, comme le dit M. Gavelle-Brière, ce qui est une sorte de dégommage par élimination mécanique des matières agglutinatives.

Il a vu de très bons produits obtenus par des machines ou par des bains chimiques. Soumises à une préparation préalable gazeuse ou dessiccative, il a vu des tiges rendre facilement des fibres libres après un simple broyage.

C'est aussi par le moyen mécanique que M. Lacote a obtenu d'emblée une défibration telle que la demande M. Gavelle-Brière, et que M. Faure obtient des lanières dépelliculées et même *défibrées* par le travail en vert.

Tout cela prouve, ajoute M. Rivière, qu'il y a dans cette voie des progrès considérables peu éloignés d'atteindre le but recherché, mais il s'agit de déterminer si ces produits utiles à certaines industries sont bien en rapport avec la beauté et les qualités de la Ramie. Pour lui, il ne voit pas la place de ce textile dans les usages grossiers, dans la corderie, il ne voit pas encore la Ramie comme succédané du lin, mais ayant bien sa valeur propre à côté de ce dernier. Il demande à l'industrie de conserver et d'utiliser ses qualités natives, qui sont la finesse et la force.

M. Gavelle insiste sur la question qu'il a posée. Le fait acquis est le suivant : on peut faire des fils de différents numéros *sans aucune espèce de préparation chimique*. Il est bien d'avis, comme M. Rivière, que la Ramie ne doit pas viser à *remplacer* le lin, mais au contraire à entrer en composition avec lui.

M. Marcou confirme que la machinerie donne de très belles lanières en sec, dépelliculées et même *défibrées*, pouvant être employées de suite par certaines industries. Cependant, M. Michotte se demande comment, en présence d'opinions si bien affirmées sur le travail en sec, dont on ne parlait plus, on n'ait pas abordé le problème de la dessiccation sur place de la matière première, et que, pour ainsi dire, rien n'ait été tenté dans ce but.

C'est en effet, déclare M. Gavelle-Brière, le seul point important à résoudre. Or, il semble démontré qu'il n'existe pas actuellement de producteurs de Ramie ayant en vue le traitement en sec.

M. Favier conclut que le courant d'idées que l'on signale et qui s'affirme par nos délibérations en faveur du traitement en sec est nouveau. Si l'on avait dit cela il y a dix ans, la Ramie aurait fait son chemin ; mais il y avait alors un tel courant en faveur de la Ramie à l'état vert qu'on avait abandonné complètement l'idée de la fabrication à l'état sec.

M. le Président. — C'est justement là un des résultats considérables de ce Congrès, d'avoir fait sortir cette affirmation. Il est certain qu'en 1891 nos idées étaient tout autres.

M. Pümping. — De ce qu'on nous demande de ce côté de la Ramie à l'état sec, il ne faut pas conclure que la Ramie en vert ne vaut rien. Je vous l'ai déjà dit je n'utilise, quant à moi, que de la Ramie en vert. J'ajouterai qu'on a fait l'an dernier des essais en Allemagne avec la machine Faure et qu'on a obtenu un rendement énorme, beaucoup plus grand en vert qu'en sec. Peut-être pour les gros fils le sec est-il possible ; mais pour le fin, je puis affirmer par expérience que le vert est préférable.

Toutefois, je reconnais que les echantillons apportés par M. Gavelle-Brière sont superbes et que c'est là un fil qui me parait appelé à un grand avenir.

Questionné par M. Rivière sur le matériel nécessaire à ce produit, M. Gavelle-Brière répond que le matériel ordinaire du lin est suffisant. Quant au dégommage, il n'y a pas à s'en préoccuper ; une simple opération d'assouplissage suffit à débarrasser la Ramie de son excès de gomme. Qu'on nous donne de la lanière sans la pellicule, et on fera du fil.

M. Promio ajoute aux renseignements si précis de M. Gavelle-Brière, et pour répondre en même temps aux questions réitérées de M. Michotte au sujet du séchage, qu'il espère démontrer d'ici au mois d'octobre que le séchage de la Ramie est possible et même pratique.

M. le Président, après un échange d'observations sur les procédés de dessiccation, conclut : « Nous sommes heureux de penser que la question du séchage sera, elle aussi, résolue ; elle devient de plus en plus importante, puisque nos débats ont démontré que la Ramie à l'état sec est d'une utilisation industrielle immédiate. »

La séance est levée.

Cinquième séance.
SAMEDI 30 JUIN — APRÈS-MIDI

Les membres du Congrès international de la Ramie se sont réunis le samedi 30 juin au local ordinaire de leurs séances.

La réunion, qui est la dernière de cette session, est particulièrement nombreuse.

M. le Président rappelle que, dans les séances précédentes, le Congrès a obtenu des résultats considérables au point de vue de l'utilisation de la Ramie traitée en sec. Il ressort des délibérations du Congrès que ce procédé parait être appelé à un grand avenir. Néanmoins il y a intérêt à poursuivre l'utilisation de la Ramie à l'état vert, dont les emplois, sans être très nombreux encore, sont cependant très pratiques.

M. Gavelle-Brière est de cet avis. Ce n'est pas une raison parce qu'il a indiqué quels débouchés considérables sont réservés à la Ramie à l'état sec, pour qu'il pense que la Ramie à l'état vert doive être négligée. La Ramie à l'état vert, suivie de dégommage, peut prendre une très grande place dans l'industrie de la laine. Mais il y a, d'après lui, une première condition *sine quâ non*. Il faut arriver à faire disparaitre ce qu'on appelle les « flammes », c'est-à-dire les parties agglutinées qui subsistent dans les fibres. Le jour où on arrivera à remédier à cet inconvénient, on trouvera dans l'industrie de la laine, pour la Ramie en vert, des débouchés égaux à ceux qu'on trouvera pour la Ramie en sec dans la filature du lin.

Suivant M. Cornu, il semble que la question du dégommage soit, elle aussi, très importante à résoudre. On a beaucoup parlé des lanières traitées en vert et en sec ; or, les chimistes, et non les moindres, MM. Fremy et Ferret, par exemple, ont trouvé des difficultés plus grandes quand la gomme était passée à l'état sec. Pour le China-grass, il est dégommé en général plus ou moins profondément.

Il serait bon d'examiner s'il ne conviendrait pas de dégommer immédiatement sur place le travail de la journée ou s'il convient d'attendre au lendemain.

M. Michotte s'explique sur la question du dégommage. Il la croit très simple. Pour lui, il n'y a pas à chercher si on doit dégommer en vert ou en sec. Toute la question, c'est de savoir dégommer. Il y a là toute une industrie à créer, car le dégommage sur place n'est pas pratique, le cultivateur ne le fera pas lui-même ; il faut que le dégommeur vienne acheter la matière première et en débarrasse le producteur.

M. Gavelle-Brière. — Il est certain qu'actuellement personne ne dégomme bien. Il n'y a pas de filasse dégommée qui permette d'obtenir un peigné parfait.

M. Duponchel. — Naturellement, il n'existe pas de procédé qui puisse bien dissoudre la pellicule, mais de là à dire qu'il n'y a pas moyen d'enlever la pellicule, il y a un pas... Il pourrait montrer à l'exposition de l'Algérie des peignés de Ramie remarquables.

M. Briard dit qu'il existe des parties ligneuses qui sont un obstacle au peignage. Néanmoins il vend de la laine et de la Ramie peignée à Roubaix et à Tourcoing. Il a trouvé les peigneuses nécessaires, donc elles existent.

M. le Président. — Messieurs, ce nouveau résultat obtenu est très important. D'une part, M. Gavelle-Brière nous dit que l'une des utilisations les plus importantes de la Ramie pourrait être le mélange avec la laine, mais que l'obstacle à l'extension de cet emploi, c'est qu'il existe des particules solides qui subsistent et semblent indiquer un dégommage imparfait ; ce serait alors une affaire de machinerie ; et d'autre part un membre nous affirme qu'il existe des peigneuses capables de faire ce travail.

M. Favier affirme que s'il veut faire du peigné parfait, il l'obtient (c'est une question de machines), mais dans des conditions qui ne sont pas économiques...

M. le Président. — Peut-on se rendre compte exactement si les déchets sont ligneux ou non ?

Pour M. Favier, les parties ligneuses qui sont un obstacle au peignage sont du bois, qu'aucun dégommage ne peut faire disparaître, et pour M. Pümpin elles proviennent des tiges qui ont été coupées trop mûres.

M. Duponchel a en effet constaté que les parties ligneuses étaient plus importantes quand la Ramie était plus mûre.

M. Cornu. — C'est le procès des coupes tardives que vous faites là, Messieurs. Ainsi, d'après vous, il vaudrait mieux faire de nombreuses coupes précoces ?

M. Gavelle-Brière reconnait qu'il est très utile de faire les coupes en temps opportun, pour faciliter le dégommage.

M. Michotte dit qu'il semble résulter du remarquable rapport de M. Rivière et de ces débats que, si on ne peut pas dissoudre la pellicule, il n'y a pas de lanière utilisable. Or, à son avis, on le peut.

M. Favier affirme que le traitement des lanières est impossible ou tellement onéreux qu'il faut y renoncer. Il faut compter 40 centimes par kilog. pour le China-grass, et 80 centimes pour la lanière, et il en donne les raisons.

M. Pümpin est d'accord avec M. Favier. Il a fait des essais avec de la lanière brute ; et il soutient que si on veut arriver à l'utiliser chimiquement, il faut des matières beaucoup plus actives que celles qu'il connaît. En Allemagne, les mêmes expériences ont donné les mêmes résultats. On a fait des essais sur des filasses non dégommées et sur des lanières de décortication en vert ; les résultats pour cette dernière ont été bien supérieurs.

M. Cornu. — Messieurs, il y a deux théories sur le dégommage : la première consisterait à dégommer et dépelliculer en même temps ; la seconde à dégommer des lanières déjà dépelliculées. Je vous soumets deux motions :

« 1° Il convient de dégommer principalement les lanières dépelliculées, parce que, si on veut faire les deux à la fois, on obtient un résultat moins bon et coûtant plus cher » ;

2° « Si on veut, par un procédé chimique, dépelliculer et dégommer, on est en présence d'une opération difficile à réussir. Si on ne veut que dégommer les lanières dépelliculées, cela est moins difficile et moins coûteux. »

Je pense que toutes les fois qu'on veut dégommer, il faut avoir de la Ramie à l'état vert, et je conclus :

XIII. — *Quand on veut dégommer des lanières, il est plus facile de dégommer des lanières dépelliculées.*

Adopté par 8 voix contre 3 : beaucoup d'abstentions.

— L'un des obstacles, vous a-t-on dit, continue M. le Président, au mélange de la Ramie dégommée avec de la laine, c'est la présence d'imperfections dans le peigné.

La question qu'on nous pose au sujet des parties de lanières qui sont un obstacle au peignage demande quelques jours d'études et d'expériences. Il s'agit de savoir si nous avons affaire à du bois, à du collenchyme ou à toute autre matière. Nous vous demanderons de nous envoyer des échantillons, et nous pourrons alors nous prononcer dans quelques jours.

En attendant, je vous soumets cette nouvelle proposition :

XIV. — *Le seul obstacle à l'emploi du peigné de Ramie dans l'industrie de la laine, c'est la présence de parties solides et qu'on appelle en industrie les flammes.*

Adopté a l'unanimité.

M. Rivière pose cette question : « La défibration mécanique est-elle utile ou non? Faut-il la chercher à l'état vert, et faut-il conserver le parallélisme des fibres? » M. Favier pense qu'il faut des fibres parallèles au début, et qu'il faut maintenir le parallélisme autant que possible sur des longueurs de 1m60 par exemple.

M. Rivière cite ce qui se passe avec la machine Dear, qui produit un grand travail. Les fibres n'ont évidemment pas ce parallélisme absolu, conservé par nos belles machines françaises. Mais des fabricants prétendent que les brins de 40 à 50 centimètres suffisent à la filature. En outre, l'économie paraît résulter de la grande quantité de matière produite par cette machine, qui ne laisse rien perdre.

M. Gavelle-Brière pense que le procédé signalé ne pourrait être justifié que par l'extrême bon marché, et qu'il ne peut servir que pour des produits inférieurs; pour les nécessités du peignage, il faut le parallélisme et des longueurs égales; or, la machine Dear ne doit donner que des longueurs inégales et des fils pointus.

M. Favier est d'avis qu'il faut en effet des fibres bien parallèles et de toute leur longueur ; il les a obtenues.

M. Rivière insiste sur cette question : « Les traitements divers doivent-ils conserver à la Ramie son parallélisme absolu et sa longueur? »

M. Faure. — Messieurs, je n'ai pu assister à vos précédentes délibérations, mais, sur le point qui vous occupe je puis vous dire ceci : je prends une tige de Ramie, je donne des fibres absolument parallèles, peignées comme aucune autre machine ne peut les peigner, avec un minimum de gomme inappréciable et j'arrive à vous donner un produit qui est superbe.

Si je compare certaines machines à la mienne, je vous dis ceci : « Je puis vous donner des lanières absolument pures, ayant une homogénéité parfaite et quelques pour cent de gomme en moins ».

M. Gavelle-Brière. — Messieurs, voici ce que je me permets de déclarer :

XV. — *En principe, il faut maintenir, dans la préparation des lanières dépelliculées et défibrées, le parallélisme sur toute la longueur, à moins que, par un autre procédé, on n'obtienne une économie assez considérable pour mériter d'être prise en considération.*

La proposition de M. Gavelle, mise aux voix, est ADOPTÉE A L'UNANIMITÉ.

M. le Président. — Messieurs, nous arrivons à l'étude des principaux agents à employer dans le cas de dégommage. La plupart des membres du Congrès sont d'avis que l'étude de cette question doit être renvoyée au mois d'octobre.

M. RIVIÈRE. — Messieurs, il reste à présenter une dernière observation. La question de la Ramie a fait un pas considérable. On peut l'envisager aujourd'hui sous un jour plus favorable, mais nous pouvons bien dire que, dans tous les pays du monde, elle paraît un peu brûlée ; tant de difficultés se sont produites, qu'il paraît difficile d'y intéresser les capitalistes et même les industriels. Et cependant l'industrie se trouve en présence d'une situation difficile, que l'emploi de la Ramie pourrait résoudre : le cultivateur ne veut plus faire de lin, ni de chanvre ; cela est tellement certain, que le gouvernement lui-même l'a senti, et qu'il donne des primes assez considérables aux agriculteurs qui consentent à semer encore du lin et du chanvre. D'autre part, nos colonies ne font pas ou presque pas de coton ; l'état économique de la main-d'œuvre pour les unes, et l'état climatérique pour les autres, ne le leur permet pas. Comment remplacer ces matières premières de nos industries textiles ? Il faudrait revenir à la Ramie. Nous, nous avons essayé de la Ramie sur une petite échelle, nous n'avons pas réussi à la placer ; nous avons fait, cultivateurs, de très belles cultures, mais pendant vingt ans nous sommes restés avec notre Ramie sur les bras ; quand nous réussissions à produire d'excellentes lanières, on nous en offrait 18 et 20 francs les 100 kilos ; la petite culture s'est lassée, et je crois que solliciter actuellement le cultivateur de faire de la Ramie, c'est perdre son temps. Il faudrait donc que ceux qui s'intéressent à la Ramie parce qu'ils en ont besoin donnent l'exemple en faisant eux-mêmes des plantations de Ramie capables de satisfaire à leurs besoins. Les personnes qui s'intéressent à la Ramie devraient essayer de grandes plantations pour alimenter leurs industries. L'Algérie s'offre à cet égard comme un champ de production suffisamment vaste au début. Il me semble que tous les efforts des gros industriels doivent porter sur ce point de notre domaine colonial, au moins dans la première phase.

M. Poisson est d'avis que M. Rivière a raison quand il préconise les grandes plantations, mais il voudrait voir mettre en valeur, sous le contrôle de l'Etat, des terrains choisis par lui, au Tonkin par exemple.

M. Rivière. — *Timeo Danaos et dona ferentes ;* il faut craindre l'Etat, même dans ses libéralités. Pour lui, la question se résume à ceci : l'industrie a-t-elle besoin de Ramie ? Alors elle saura en trouver.

M. Faure. — La Ramie ne vivra pas quand les textiles seront à un prix excessivement bas. Je pense que la première chose serait de créer une usine centrale dans des terrains propices à la culture de la Ramie, auprès d'une force motrice hydraulique de préférence. En procédant ainsi, on établirait un cours : nous achetons la matière première tant, nous vendons tant...

M. Michotte estime qu'avant de créer une usine centrale, il faudrait que les grandes sociétés commençassent par faire des plantations.

M. Promio est de l'avis de M. Faure. Il faut encourager la culture en lui montrant qu'on est prêt à utiliser la Ramie. Pour cela, la création d'une usine centrale serait excellente, car la résistance des cultivateurs provient d'un doute sur la réussite et du prix trop élevé des plants.

M. Rivière, dans une étude magistrale et fort applaudie, développe cette idée que le champ d'exploitation doit varier selon les pays. « Au début, il faut de grandes étendues et des moyens puissants d'action; la deuxième phase appartient à la petite culture et à l'exploitation familiale... Le jour où on donnera à la petite culture des procédés déjà expérimentés sur les grandes exploitations et d'une réussite absolue, l'avenir de la Ramie sera assuré. C'est à vous, Messieurs, que je demanderai de faire de nouveaux efforts si vous en avez déjà tentés et de procéder par des créations nouvelles, si vous avez besoin de la Ramie ou si vous croyez à son prochain développement sur les bases que notre Congrès a indiquées et qui me paraissent des plus sérieuses. »

M. Favier déclare que, quant à lui, il espère reprendre un jour ses travaux passés en ce qui concerne la production de la Ramie.

Un membre déclare qu'un industriel, dans le Nord, a acheté au Caucase une plantation de quarante-cinq hectares de Ramie. La première récolte aura lieu en octobre prochain, et dès à présent il montre une serviette de luxe obtenue avec de la Ramie du Caucase. Cet échantillon circule parmi les membres du Congrès, qui en apprécient la finesse et la résistance.

M. le Président rappelle à ce propos qu'il a visité ces régions et qu'il y a observé en effet des tiges admirables. Il existe un dernier point de vue à envisager : quel peut être le prix d'achat pour l'industriel pour la Ramie décortiquée en vert? Etablissons, par exemple, un rapport entre la Ramie de 600 à 700 francs la tonne avec le lin dans la même qualité que les échantillons présentés par M. Gavelle-Brière.

M. le Président résume la question : La Ramie traitée dans de bonnes conditions vaut-elle un bon lin ordinaire ?

Une discussion s'engage sur ces chiffres, les uns estiment qu'il faut compter 65, les autres 70 et 75 francs les 100 kilos. M. Promio affirme que, dans le Nord, certaines filatures ont estimé le produit à 75 francs. M. Pümping dit que 70 francs est un prix raisonnable.

M. Cornu résume la discussion : La filasse décortiquée à l'état vert à 70 francs est un prix élevé. Et M. Rivière conclut ainsi :

XVI. — *Le produit d'un hectare pouvant donner par an 2.800 francs, 2.500 est un prix moyen dans lequel on reconnaît que toutes les manipulations peuvent être comprises en laissant un bénéfice raisonnable à tous ceux qui y ont pris part.*

Cette motion est ADOPTÉE.

M. le Président. — Messieurs, vous avez terminé vos travaux. Ils donneront, j'en suis convaincu, des résultats considérables. Vos discussions parfois vives ont toujours été courtoises. Je vous remercie et je vous donne rendez-vous pour le mois d'octobre prochain. (*Vifs applaudissements.*)

Un membre, interprète du Congrès, remercie le Bureau de sa lourde tâche, et il étend ses remerciements à l'Administration de l'exposition coloniale pour sa gracieuse hospitalité.

La première session du Congrès de la Ramie est close.

DEUXIÈME SESSION

1ᵉʳ au 11 octobre 1900.

Première séance.

Lundi. 1ᵉʳ octobre 1900.

La première session du Congrès international de la Ramie s'est tenue les 28, 29 et 30 juin dans la salle des conférences de l'Exposition coloniale, boulevard Delessert, au Trocadéro.

Suivant le programme adopté, la deuxième session a commencé le 1ᵉʳ octobre 1900, dans le même local.

Aucune modification dans l'ordre des travaux, ni dans la composition du bureau n'ayant été proposée, M. Maxime Cornu, président, a déclaré ouverte la 2ᵉ session du Congrès international de la Ramie.

MM. Martel, vice-président, et Rivière, rapporteur général, ont pris place aux côtés de M. Maxime Cornu.

De très nombreux agriculteurs, fabricants de machines, industriels sont venus pour assister à cette deuxième session qui, concordant avec le concours, promet d'être très intéressante.

Dès le début de la séance M. Marcou, le distingué secrétaire du Congrès, exprime le regret que le local qui doit servir d'abri aux machines à décortiquer ne soit pas prêt encore.

Dans ces conditions, M. Maxime Cornu estime qu'il y a lieu de renvoyer les séances à une date ultérieure. Cette date est fixée au mercredi 3 octobre, 9 heures du matin, même local.

M. le Président tient néanmoins à rappeler aux membres présents que la première session a eu des résultats tout à fait inattendus et inespérés :

« Jusqu'à présent, dit-il en substance, toutes les personnes qui s'occupaient de Ramie avaient considéré que ce textile n'était utilisable qu'en vert. Toutes les machines inventées et mises en œuvre en vue de la décortication avaient pour principe le travail en vert. La première session du Congrès nous a réservé une surprise. Sur la foi de personnes autorisées, telles que M. Gavelle-Brière, président du syndicat de l'industrie linière de France; M. Favier, qui depuis de longues années a employé son activité, sa haute intelligence et ses ressources au traitement de la Ramie en sec; sur l'adhésion aussi de nombreuses personnalités étrangères, on nous a dit donnez-nous de la Ramie en sec et nous vous garantissons l'utilisation industrielle immédiate et rémunératrice.

« La seconde session du Congrès international de la Ramie aura pour but de mettre aux prises les fabricants de machines à décortiquer en vert et en sec. Il appartiendra aux agriculteurs et aux industriels de savoir auquel des deux procédés ils doivent avoir recours et quel est celui qui leur offre le plus d'avantages. »

Deuxième séance.

MERCREDI 3 OCTOBRE. — MATIN.

Près de cinquante congressistes, parmi lesquels beaucoup d'étrangers, sont présents.

M. Maxime Cornu, président, présente les excuses de MM. le colonel Van Zuylen, que ses occupations ont rappelé en Hollande, et Gavelle-Brière, très souffrant, qui regrette de ne pouvoir assister aux séances du Congrès, auquel il a pris, en juin, une part si active.

Le procès-verbal de la première session est parvenu à chacun des adhérents au Congrès ; celui des séances qui viennent de commencer sera rédigé de la même façon et publié par les soins de la *Revue des cultures coloniales.*

Pendant cette seconde session, le Congrès aura à entendre les concurrents du concours d'expériences qui doivent lui faire connaître les principes de leurs machines et les résultats qu'ils entendent en tirer. Les inventeurs se sont proposé des buts différents. Un observateur superficiel pourrait critiquer les uns ou les autres pour telle ou telle raison ; mais il faut songer que les besoins de l'industrie sont différents selon les cas ; telle machine qui contente l'un peut ne pas contenter l'autre. Il est donc à la fois nécessaire d'entendre l'inventeur de la machine qui doit être le lien entre l'agriculteur qui récolte le produit et l'industriel qui l'utilise.

M. Rivière, rapporteur général, a la parole. Il tient, pour faciliter la discussion, à résumer les conclusions de la première session du Congrès et à préciser l'état de la question.

La deuxième session du Congrès international de la Ramie doit porter principalement ses études et ses discussions sur l'examen des procédés pratiques de décortication et de défibration, ainsi que sur la valeur des divers échantillons de lanières et de fibres obtenus par divers traitements mécaniques et chimiques.

La question de la Ramie va être soumise au jugement de deux hauts arbitres :

1° Un jury officiel qui se prononcera sur la valeur des procédés de travail et les classera ;

2° Un Congrès où toutes les voix pourront se faire entendre, où tous les intéressés défendront leurs idées, non seulement verbalement, mais encore par des démonstrations pratiques.

Mais il faut d'abord bien établir que les opérations du jury officiel et spécial qui doit juger la machinerie, les procédés de travail ainsi que les échantillons soumis à son examen n'ont aucune corrélation avec les travaux du Congrès qui doit conserver toute sa liberté d'action, ses délibérations fussent elles même contraires à celles du jury officiel.

La première séance du Congrès doit établir le programme de ses travaux, particulièrement difficiles en ce sens qu'ils sortent du domaine de la théorie et que la situation de la question impose enfin une sanction pratique aux divers modes de traitements proposés.

Les délibérations du premier Congrès, il faut le reconnaître, ont modifié l'opinion générale qui prédominait sur la nature du traitement à appliquer à la Ramie. Sans rejeter absolument le travail en *vert*, on a pensé que le travail en sec, d'après diverses démonstrations paraissant probantes, offrait plus de facilités de traitement et que ses produits s'appliquaient immédiatement à de nombreux emplois. C'était revenir à la première phase de la Ramie et c'est abandonner une partie des idées en cours, car on ne rechercherait plus un produit similaire au China-grass qui est issu d'un travail en vert.

Le Congrès aura donc à se prononcer sur cette importante question qui se résume ainsi :

La dessiccation absolue de la tige de Ramie par l'étuve ou autres méthodes, permet la défibration et la dépelliculation faciles à l'aide de broyeuses-teilleuses fort simples, travail qui peut être rendu plus parfait encore par un second passage dans un instrument spécial dit assouplisseur, ou par toute autre action mécanique secondaire.

Par le jeu de ces divers organes qui élimineraient les gommes à l'état pulvérulent, on obtiendrait un dégommage suffisant pour supprimer les bains chimiques qui n'ont pas toujours une action heureuse sur les fibres. Il a donc là une importante constatation à faire en déterminant si les moyens actuels de travail confirment ces prévisions, qui simplifient en partie la question de la Ramie.

Cependant, d'autre part, sans nier les avantages de la dessiccation absolue des tiges qui facilite la défibration, certains inventeurs signalent des machines produisant à l'état sec ordinaire une véritable *filasse* n'exigeant qu'un léger dégommage.

En résumé, la dessiccation absolue, préalable au traitement mécanique, est-elle une opération possible et devant supprimer les frais et les aléas du dégommage chimique qui s'impose dans le traitement en vert?

Il ne faut pas oublier qu'il y a pour le travail en sec des sortes de préparations préalables, gazeuses ou liquides, facilitant la défibration et la dépelliculation, partant de ce même principe que l'action mécanique peut éliminer les gommes à l'état pulvérulent. Avec les échantillons issus de ces sortes de traitement en sec par divers procédés, on obtiendrait aisément des fils de 20 à 40, peut-être plus, pensent certains auteurs.

Cependant, malgré les réels avantages que présenterait cette nouvelle phase de la question, quelques industriels affirment que les numéros fins ne peuvent être obtenus que par le travail en vert.

Certaines lanières vertes, mécaniquement dépelliculées et similaires au China-grass, offrent les mêmes facilités de dégommage que ce dernier, peut-être plus, car elles contiendraient moins de gomme. D'autre part, la défibration absolue produite par certaines machines aiderait l'action de bains dissolvants de nature moins énergique.

Les partisans du traitement en vert prétendent, non sans raison, qu'il convient seul à la Ramie, qui ne doit pas être considérée comme succédané d'un autre textile, car elle a ses qualités particulières et sa vertu initiale.

Il faudra aussi tenir compte de cette appréciation, car la production de la Ramie ne pourra égaler de longtemps celle du lin, et l'on se demande si réellement la Ramie ne doit pas être confinée, dans sa première phase économique, dans des emplois spéciaux, car il faudrait déterminer si, après les diverses manipulations qu'elle exige, la Ramie n'est pas plus chère que d'autres textiles.

Le Congrès aura donc à se prononcer, après examen des procédés, sur cette question générale : la Ramie, industrie ordinaire ou spéciale.

Comme premier programme de ces travaux, le Congrès pourrait déterminer la nature des expériences qui seront faites sous ses yeux. Pour cela, il demanderait d'abord aux inventeurs toutes explications sur le principe de leur travail, le but qu'ils ont recherché, le rendement et la nature du produit, ainsi que son prix de revient.

L'assemblée adopte l'ensemble de ces propositions.

Cette lecture, très applaudie, est suivie de quelques commentaires invitant les congressistes à préciser quels sont les traitements en sec qu'il conviendrait d'appliquer à la Ramie. M. Hébrard a apporté un traitement préalable au traitement en sec. En principe, sous l'action d'une machine quelconque, après ce traitement préalable, la défibration est complète et la pellicule ne résiste pas à l'action des broyeurs.

M. le Président : On verra le système de M. Hébrard.

M. Swynghedaw, filateur, pense qu'avec la machine de MM. Lacôte et Marcou on peut obtenir une filasse utilisable dans les industries du Nord de la France.

M. Quellmatz, de Leipzig et Dresde, qui n'a pas assisté à la première session du Congrès, tient à savoir quel poids de lanière utilisable on peut obtenir, avec un poids donné de tiges décortiquées en vert ou en sec. Il rappelle que les fibres se brisent lorsqu'on veut les faire passer ensemble à la machine, et demande, en fin de compte, à quel prix on peut les offrir à l'industrie. Il est d'avis qu'on peut obtenir cinq récoltes par an dans certains pays, mais si, sur le marché, l'industrie doit payer trop cher le produit, la Ramie ne trouvera pas d'acheteur. On a essayé du China-grass ; il se maintient à des prix considérables ; si, maintenant, après les travaux du Congrès, la Ramie se présente en quantité et qualité suffisante, à un prix abordable, elle trouvera preneur.

Pour M. Michotte, toute la question réside dans la façon dont on applique le traitement préalable. Il y a plusieurs procédés, et M. Michotte expose longuement ceux qu'il connaît. Il pense que la dépelliculation doit précéder le dégommage. Mais dans l'état où l'industrie nous réclame le produit, faut-il dégommer ? M. Gavelle-Brière estimait que pour l'industrie linière le produit non dégommé était utilisable ; M. Swynghedaw semble être du même avis. D'ailleurs, M. Michotte pense que dégommer sur lanières présente des difficultés, mais que dégommer sur fil est plus difficile encore... et cependant il faut dégommer. On reproche, il est vrai, au dégommage la perte au peignage. Il répond que cela tient surtout aux appareils mécaniques mal appropriés à peigner la Ramie. Le certain est qu'il faut dégommer.

M. Quellmatz, de Leipzig, a fait longtemps et souvent du dégommage, sur tissus de jute notamment ; ce qu'il y aurait de mieux serait d'avoir un bon procédé pour retirer les fils de la tige sans dépelliculer. Le jour où l'on obtiendrait cela, ce serait l'idéal. Les Anglais, qui sont pratiques, ont de longues pièces de bois jetées à même le sol, on y étend le jute rôti, chauffé, mouillé, afin de pouvoir en ôter les fils avec les mains ; ne pourrait-on faire de même avec la Ramie, sans altérer la solidité des fils ?

L'honorable congressiste estime que la seule machine qui jusqu'à présent réalise ce résultat est celle de M. Fremerez. Quant à lui, il est le premier qui ait introduit le jute en Allemagne. Avant la machine Fremerez chaque fibre était accompagnée de son bois et de sa gomme. Il fallait briser le bois et ôter la gomme. L'orateur s'étend longuement sur le jute et sur ses opérations personnelles en Allemagne, en Angleterre, en Argentine, à Java, à Jérusalem, etc. Il conclut en disant que si les cultivateurs peuvent fournir de bonne filasse, ils trouveront des acheteurs partout.

Une discussion s'engage alors entre M. Michotte et M. Swynghedaw.

M. Swynghedaw estime que le peignage de la Ramie est possible sur toutes les peigneuses en usage dans le Nord, à la condition que la Ramie ne soit pas trop dégommée. Avec les étoupes on a obtenu des fils plus fins, jusqu'au 80 anglais par exemple. En utilisant la Ramie plus ou moins dégommée on obtient du fil plus ou moins fin. Ainsi, avec un dégommage de moitié, on arrive à des numéros de 40 ou 45, ce qui permet de faire du linge de table magnifique. La maison Picavet, de Lille, est partisan du traitement de la Ramie sans dégommage, ce qui ne veut pas dire qu'il ne faut pas dégommer pour arriver aux numéros fins. Pour lui, il pense qu'il faut dégommer pendant les opérations de filature. Il est est évident que, lorsque la matière est mise en bobine, cela présente des difficultés, mais on arrivera facilement à les résoudre.

Fort impartialement M. le Président Cornu fait remarquer que M. Swynghedaw confirme absolument l'opinion de M. Gavelle-Brière.

Un membre ajoute que ce qu'on cherche dans le rouissage du lin, par exemple, ce n'est pas le dégommage, car quand le lin est présenté avec sa gomme il est d première qualité pour l'utilisation industrielle.

M. Michotte soutient que la Ramie dégommée au peignage à lin n'a rien donné parce que les machines n'étaient pas appropriées. Quant à lui, avec sa machine spéciale à la Ramie, il a obtenu du ruban à cordes magnifique. En somme, le rendement dépend de l'appareil qu'on emploie. Il discute l'opinion de M. Gavelle-Brière. Il a pris des lanières à l'état sec, il les a assouplies à la main, il a obtenu un produit identique à celui des lanières à l'état vert. Il a vu dans l'exposition de M. Marcou un échantillon à l'état vert qui donne les mêmes résultats.

M. Quellmatz a fait, il le répète, des expériences dans toutes les parties du monde ; il analyse la composition de la Ramie pour expliquer ce qui peut entrer de filasse utilisable dans le produit ; d'après lui il reste 4 %, c'est peu, mais il constate qu'il a obtenu au peignage des résultats meilleurs qu'à la machine. Il a fait des fils jusqu'à 100 et plus ; il les a mêlés avec la soie, mais la teinture a donné de mauvais résultats. Cependant on a déjà utilisé pratiquement la Ramie et l'honorable congressiste pense que le Nankin, si connu de nos pères, n'était autre qu'un tissu de Ramie. Employer les tiges en sec, dépelliculées, et en ôter la filasse, ce serait l'idéal.

D'après lui, il n'y a de bon que les machines Fremerez. Avec le jute et la Ramie, il a fabriqué des draps excellents, mais leur prix de revient était considérable. L'intérêt pour les cultivateurs serait d'offrir la Ramie à des industriels dont les machines donneraient de la filasse en quantité et en qualité.

M. Chanteloube père, d'Alger, saisit l'occasion pour se plaindre, au nom, pense-t-il, des agriculteurs, que les industriels n'apportent aucune solution pratique. Le système de M. Hébrard, d'Alger, lui paraît jusqu'à un certain point pratique, parce qu'il a pu dire à quel prix il pourrait décortiquer la Ramie. Que chacun dise au cultivateur son prix de revient et alors les cultivateurs pourront dire : Nous cultiverons ou nous ne cultiverons pas la Ramie. Le Congrès est réuni pour expérimenter des machines à décortiquer et jusqu'à présent il n'a pas vu de décortiqueurs. De l'avis de M. Chanteloube père, d'Alger, personne ne connait rien à cette question.

M. Cornu : Voyons, Messieurs, à quel prix pouvez-vous fournir la filasse décortiquée en sec?

M. Swynghedaw : Nous autres filateurs, nous serons acheteurs en sec à 70 fr les 100 kilos.

M. Cornu : Je répète ma question : à quel prix les décortiqueurs en sec peuvent-ils fournir la filasse?

Un membre : Nous ne pouvons pas donner de prix sans savoir à quel prix on nous donne la Ramie...

M. Cornu : Supposons qu'on vous la donne pour rien... Il me semble que les inventeurs doivent savoir combien coûte l'opération !

Le préopinant : Cela dépend de quelle Ramie.

M. Quellmatz : Si je prends par exemple comme base 1 kilogramme de fil de Ramie, quel prix me donnera t-on? A mon avis, la Ramie ne devrait pas être sensiblement plus chère que le jute. Or, actuellement, en Angleterre, le jute coûte de 11 à 20 livres sterling la tonne. Je reconnais d'ailleurs que la Ramie libre de pellicule doit être beaucoup plus chère. L'essentiel, c'est que le cultivateur arrive à produire dans des conditions qui lui permettent de vendre son produit bon marché. Or, vous avez des colonies, des terrains qui paraissent bons, des espaces immenses et cependant vous ne paraissez pas avoir résolu le problème.

M. Michotte : Parbleu, d'après les déclarations que nous avons entendues dans la première session, le problème ne serait pas là puisqu'on offre, paraît-il, aujourd'hui, dans l'industrie, des prix rémunérateurs à la Ramie en sec, mais je reprends toujours ma question : Peut-on sécher la Ramie? Or il y a beaucoup d'objections contre le décorticage à l'état sec et il n'y en a pas contre le décorticage à l'état vert. Ce n'est pas assurément en séchant quelques tiges qu'on peut faire un prix, mais il paraît à M. Michotte que le séchage peut dans tous les cas s'évaluer à 1 fr. par kilogramme de filasse obtenu.

M. Chanteloube père, d'Alger, pose une série de questions au point de vue agricole.

M. le Président rappelle à nouveau que, dans sa première session, le Congrès s'est occupé de la question agricole de la Ramie, il rappelle les résolutions qui ont été adoptées.

M. Chanteloube père, d'Alger : Les agriculteurs feront de la Ramie quand on la leur paiera.

M. le Président : Messieurs, nous nous éloignons du sujet, actuellement nous nous occupons de la Ramie à l'état sec; or, au point de vue qui paraît préoccuper l'honorable M. Chanteloube, je constate que, lors de la première session, le Congrès dans sa douzième proposition a résolu cette question; je reviens donc au point initial : à quel prix MM. les décortiqueurs pourraient-ils fournir les lanières même si on leur fournissait les tiges pour rien? Il me semble que rien n'est plus clair.

M. Chanteloube père, d'Alger : Nous autres cultivateurs, nous poserons la même question parce que, selon la réponse, nous cultiverons ou nous ne cultiverons pas la Ramie. Si, en effet, le prix à payer au décortiqueur est tel qu'il doive majorer notre prix de production d'une façon considérable, nous n'aurons jamais l'espoir de voir notre produit pris par l'industrie.

M. Faure : Les décortiqueurs peuvent dès à présent donner un prix par machine, mais il va bien sans dire que ce prix diminue s'il y a plusieurs machines employées et selon le nombre de machines.

Pour lui, la question du décorticage en sec est la seule importante, celle du décorticage en vert étant archi-connue...

M. Michotte : Le concours permettra de juger quelle est la machine qui peut fournir au meilleur marché.

M. le Dr Greshoff, sous-directeur du musée colonial de Haarlem, fait la communication suivante :

« La culture et les propriétés du *Rameh* ont été beaucoup étudiés dans notre musée colonial de Haarlem, et aussi, pendant mon long séjour à Java, au jardin botanique de Buitenzorg, les *Bœhmeria* ne m'étaient pas étrangers. Bien des questions techniques et agricoles sont déjà résolues, grâce surtout à ce congrès. L'agriculteur est à même de produire de fortes quantités d'une bonne filasse à un prix pas trop élevé. Mais il y a une question qui n'a pas encore trouvé sa solution, la question du débit, question purement commerciale. Aux Indes, on ne cultive pas le *Rameh* en grand, parce qu'on n'est pas certain de trouver un marché. Et il semble qu'en Europe bien des fabricants ne font pas grand cas du *Rameh*, parce qu'ils ne sont pas sûrs de trouver toujours la matière première en quantité suffisante, en qualité égale, et à prix régulier. C'est là un cercle vicieux dont il faudra trouver l'issue. Jusqu'à présent, le *Rameh* est un article trop irrégulier, plus ou moins de fantaisie — il faut finir avec cette question. Je crois qu'il est absolument nécessaire qu'un marché régulier, une « bourse », soit fondée pour le *Rameh*, qui mette en contact les agriculteurs et les fabricants, qui publie des Bulletins commerciaux sur ce produit, et qui régularise et favorise le trafic du *Rameh*. J'espère bien que la France, qui s'est toujours si vivement intéressée à cette belle fibre, qui a déjà, comme le prouve l'Exposition de 1900, obtenu d'importants résultats en l'utilisant dans la fabrication de tissus et de papiers supérieurs, et à qui le monde colonial et industriel doit aussi ce congrès, si plein d'intérêt et si savamment organisé, ne tardera pas à nous donner ce marché central et régulier du *Rameh*. Pour moi, ce serait la question du *Rameh* résolue dans un sens vraiment pratique, et le couronnement de l'édifice de ce congrès. » (*Applaudissements.*)

Pour résumer, M. le Dr Greshoff expose, qu'à son avis, la partie technique de la Ramie est résolue, mais les agriculteurs ne savent où aller la vendre et les industriels manquent d'une bourse pour en connaître le prix et pour l'acheter. A Londres, jusqu'à un certain point, on peut trouver des cours, mais, en réalité, il n'y aurait plus aucune difficulté si l'on pouvait mettre en rapport les agriculteurs et les fabricants.

M. le Président insistant sur sa question. Il n'y a pas de Ramie sur le marché en France, parce qu'on ne sait pas combien les décortiqueurs en sec vendent leurs produits.

M. Rivière : M. Swynghedaw a dit qu'il était acheteur à 700 francs la tonne traitée en sec; en supposant trois coupes par an, et dans les pays chauds nous arrivons à plus ; nous aurons un rendement brut, pour l'agriculteur de 2.100 fr... Mais, Messieurs, tout cela est fort joli, ce sont de belles promesses qui nous ont été formellement faites par des personnes autorisées lors de la première session. Aujourd'hui, en constatant la défaillance des décortiqueurs en sec. il nous semble que la question Ramie fait un recul; peut-être, ne nous entendons-nous plus? Sans doute, sommes-nous en présence de difficultés qui prouvent qu'il nous faudra travailler beaucoup encore avant de nous rendre devant la machine à décortiquer en sec.

M. Faure : Je vous ferai remarquer, Messieurs, que le côté décortiqueur en vert n'a pas encore été traité.

Un membre : Les inventeurs doivent dire quelles sont leurs machines, les principes qui les régissent et le résultat auquel ils sont sûrs d'aboutir. On s'est retranché derrière cette question préjudicielle : le prix ne sera pas le même si nous vendons plusieurs machines; parbleu, cela est certain; mais, pour un industriel, il n'y a pas d'objection : si l'on peut faire le prix de revient pour une machine, on peut le faire pour cinq mille.

M. le Président : Allons, messieurs, à quel prix pouvez-vous fournir en sec ?

M. Marcou (junior) : Deux questions se trouvent posées : la question du principe des machines à décortiquer en sec et la question du prix de revient ; sur le principe je m'expliquerai en présence du jury, sur l'application je dois dire que la question me paraît un peu plus délicate... les décortiqueurs n'ont jamais eu en mains de quantités de Ramie suffisantes pour permettre d'établir un prix.

M. le Président : Enfin à quel prix pensez-vous pouvoir vendre votre filasse ?

M. Marcou : Je pense qu'à 70 fr. on peut fournir à l'industrie. Mais je pense aussi que, dans les débuts, il y aura nécessité de réunir dans les mêmes mains l'agriculture et le décorticage.

M. Quellmalz, qui, probablement, n'a pas pu suivre tout à fait clairement la discussion, s'inquiète de savoir quelle filasse on pourra donner et s'étend longuement sur la production coloniale.

M. le Président : Messieurs, la question est simple : on a dit qu'il était difficile de tabler un prix sur les petites quantités expérimentées; mais je suppose que les tiges soient données pour rien au décortiqueur, combien coûtera son opération? C'est simple, cela. Moi agriculteur, je vous donne de la Ramie sèche, combien me prendrez-vous pour la décortiquer et la mettre en état d'être travaillée?

M. Rivière approuve pleinement les observations de M. Cornu.

M. le Président se borne à constater le silence des décortiqueurs en sec.

La séance est levée.

Troisième séance.

MERCREDI 3 OCTOBRE. — APRÈS-MIDI.

Les membres du Congrès de la Ramie se sont réunis le mercredi 3 octobre à 2 h. 1/2 de l'après-midi, dans le local ordinaire de leurs séances, sous la présidence de M. Cornu. MM. Martel assesseur, Rivière rapporteur général, sont au bureau.

M. Rivière fait remarquer que la question du travail en sec est loin d'être précisée et qu'il serait nécessaire que des détails complets fussent donnés par les inventeurs sur les prix des machines et prix de revient de ce travail.

M. Paul Marcou fait d'abord remarquer que les préparatifs du Concours l'ont empêché ainsi que M. Lacôte d'assister à la séance du matin; il expose ensuite que s'il a porté ses efforts sur le travail en sec, c'est qu'il pense trouver un écoulement considérable du produit; qu'il s'est informé auprès des filateurs qui lui ont répondu qu'ils accepteront ce produit, qui jusqu'à ce jour ne leur avait jamais été présenté et qu'ils étaient désireux d'obtenir de la filasse sans procédés chimiques; il cite à l'appui l'avis donné par MM. Favier et Gavelle-Brière dans les précédentes séances.

Celui de M. Duponchel qui ne trouve pas de grandes difficultés au séchage.

Quant au prix, il trouve celui de 70 francs suffisamment rémunérateur pour tout le monde.

Il explique qu'il travaille avec 2 machines, une première, *La Défibreuse*, donnant 400 kilog. de lanière par jour, et une seconde, *La Deboiseuse*, donnant 100 kilog. de filasse.

M. Swynghedaw dit que des fibres de $0^m,70$ sont bonnes pour la filature, que plus longues il faut les couper et que cette opération a l'avantage de séparer les qualités contenues dans une même fibre; le pied est plus dur, le milieu est de qualité supérieure.

Un membre dit qu'il faut partager en 3 ou 4, couper les têtes et les pieds, autrement que le fil n'est pas égal; que le cultivateur doit faire cette opération pour éviter les transports.

M. Swinghedaw fait remarquer que plus l'agriculteur aura d'opérations à faire, plus il y aura de chances que sa filasse soit emmêlée.

M. Marcou est de cet avis. On doit simplifier et non compliquer le travail de l'agriculteur; la division doit être faite en filature comme cela se pratique pour le China-grass.

M. Michotte explique que le dégommage des lanières n'est pas une difficulté, qu'on peut les dégommer économiquement. Il invoque l'avis de M. Faure qui en fait dégommer

M. Faure est de cet avis.

M. Rivière demande si ce dégommage mécanique est suffisant pour la filature et si l'on peut, en filature, remplacer le lin par la Ramie ou faire de celle-ci des tissus d'une qualité supérieure au premier.

M. Swynghedaw répond qu'à prix égal, il préférera celui du fil de Ramie à du fil de lin.

La question suivante est posée : Si on a du lin à 500 fr., délaisserez-vous la Ramie?

M. Swynghedaw répond que dans certains articles le linge de table par exemple, on remplacera le lin par la Ramie.

M. Cornu rappelle une opinion de M. Gavelle, qui dit que la Ramie tissée avait un brillant particulier, que l'on n'obtient pas avec le lin, mais que ce brillant se perdait en blanchissant au chlore.

M. Quellmatz dit que le brillant se perd avec le chlore, mais qu'il recherche ce brillant dans la fabrication de divers articles et qu'à prix égal la Ramie l'emportera toujours sur le lin.

M. Quellmatz entre dans de nombreux détails au sujet de la coloration du linge et des dentelles.

Un membre : M. Marcou a parlé du prix de 700 fr. la tonne, qui, d'après lui, serait rémunérateur, mais il n'a pas dit combien la quantité de Ramie nécessaire pour obtenir une tonne de produit coûterait au cultivateur.

M. le Président fait remarquer à nouveau que les questions agricoles concernant la Ramie ont déjà été traitées dans la première session du Congrès ; toutefois, si M. Marcou veut répondre à la question posée, il lui donnera la parole.

M. Marcou ne peut pas se placer au point de vue de l'agriculteur, mais comme constructeur de machines il veut bien expliquer le but qu'il poursuit et reprendre avec plus de détails la réponse qu'il a faite au début de la séance à M. le Rapporteur général.

M. Marcou. — Je vous expliquerai d'abord le but que nous poursuivons.

Émerveillé de l'abondante production de la Ramie en Chine, et de la beauté de cette plante textile, en même temps qu'étonné du mode de travail rudimentaire et de l'emploi restreint de la fibre, M. Lacôte, avant de concevoir sa machine, s'est renseigné aux sources les plus autorisées pour connaître le produit que désirait l'industrie textile.

Filateurs et cordiers de Lille, Rouen, Nantes, Angers, Bruxelles, etc., ont tous répondu qu'ils n'étudieraient la filature de Ramie que si on leur présentait de la filasse et non du China-grass.

A la première session de notre Congrès, nous avons recueilli les explications très catégoriques de MM. Gavelle-Brière et Favier. « Ce qui s'est opposé jusqu'ici au développement de l'industrie de la Ramie, dit M. Gavelle-Brière, c'est qu'il n'existe pas de producteurs de Ramie décortiquée en sec. Pour notre industrie, il nous faut de la lanière provenant de tiges séchées. » Notre vice-président, M. Martel, confirmait l'opinion de M. Gavelle-Brière.

M. Favier, qui ne travaille cependant que le China-grass, conclut que, si le courant d'idées qui s'affirme en faveur du traitement en sec avait été su vi il y a dix ans, la Ramie aurait fait son chemin.

Suivant un membre du Jury de la Classe 76, les échantillons de notre travail obtenus par le traitement en sec placent la question sur un terrain nouveau et intéressant pour les filateurs : sous cette forme, la Ramie devient utilisable dans leurs usines.

Il y a quelques jours, M. Faure lui-même me disait considérer la décortication en sec comme le complément nécessaire de la décortication en vert.

Les paroles et les faits prouvent jusqu'à l'évidence combien la décortication en sec est importante et combien elle doit être encouragée. C'est peut-être l'intérêt le plus vif de la question qui nous occupe en ce moment.

Diverses objections ont été soulevées :

Quelques-uns ont déclaré que les opérations de séchage étaient impossibles ou du moins fort difficiles. Des expériences personnelles m'ont démontré que le soleil d'Orléans et de Melun séchait facilement et parfaitement les tiges de Ramie étendues sur le sol sitôt après la coupe. Ces tiges engrangées deux ou trois jours après n'ont jamais fermenté.

M. Favier a signalé qu'il a séché de la Ramie à Saint-Denis du Sig, en Égypte et en France, et que les opérations nécessaires sont sinon simples, du moins assez économiques. M. Duponche partage cette opinion, dont il s'est rendu compte expérimentalement à Alger. J'entendais à l'instant un membre du Congrès, agriculteur algérien, dire que le séchage était des plus simples, rudimentaire même. Nous pourrions du reste obtenir des renseignements très précieux de la bouche de M. le Rapporteur général.

M. Rivière m'a déjà envoyé une certaine quantité de tiges de Ramie qu'il avait fait sécher. Quel est son procédé? Je l'ignore, mais je puis dire qu'il est parfait par les résultats obtenus.

M. Rivière. — Le séchage est possible, les produits de la Ramie travaillée en sec sont demandés, reste la décortication. M. Lacôte a résolu le problème par son invention.

M. Marcou. — Après avoir établi une seule et même machine pour faire le travail complet, nous avons divisé le travail en deux parties, ce qui le rend plus simple et plus économique. De là deux machines : la déboiseuse et la défibreuse.

La déboiseuse se compose de deux rouleaux dont la fonction est d'entraîner et d'aplatir les tiges, d'un système de concassage et de deux batteurs tournant l'un dans l'autre ; sa production est de 400 kilog. de lanières par dix heures de travail. Si nous ne considérons que le travail de la machine, il faut deux servants, un pour mettre les tiges et l'autre pour les recevoir.

La défibreuse est formée de deux rouleaux entraineurs et d'une table élastique à cannelures sur laquelle agit par friction une série de pièces distinctes également cannelées. Sa production est de 80 à 100 kilogs de filasse par 10 heures de travail et cette machine peut être servie par deux femmes.

Les tiges séchées sont passées dans la déboiseuse qui les rend à l'état de lanières complètement dépourvues de bois; ces lanières sont d'un écoulement assuré, elles remplacent avantageusement toutes sortes de liens, et sont recherchées des arboriculteurs, viticulteurs, etc... Un chimiste nous en a offert 500 francs la tonne, ce qui donnerait déjà un beau bénéfice tant pour le cultivateur que pour le déboiseur.

Les lanières obtenues sont placées sur la défibreuse qui les transforme en filasse. Voici les échantillons de notre travail que je me permets de vous soumettre. La filasse remplit certainement le but que je cherchais à expliquer au début de la séance. C'est un produit obtenu d'une manière purement mécanique, directement utilisable dans l'industrie textile, puisque, nous en reportant à une définition précédemment donnée, cette filasse peut être immédiatement passée au peignage sans aucune autre préparation préalable. C'est ce produit que je pourrai livrer aux filateurs à raison de 700 francs la tonne.

Mes calculs sont établis sur une exploitation comprenant à la fois la culture et le décorticage ; je n'ai donc pas étudié, pour le moment du moins, la part de bénéfice qui serait réservée au cultivateur travaillant pour son compte. Je crois néanmoins que, dans un pays où l'on peut faire trois coupes, le cultivateur pourrait être assuré d'un bénéfice d'environ 250 francs par hectare.

M. Marcou termine en disant, pour répondre à une question posée par un agriculteur, qu'il ne vend pas sa machine.

Un agriculteur : Mais si vous ne vendez pas votre machine, elle n'intéresse pas le Congrès. Nous autres cultivateurs, nous sommes justement venus pour nous renseigner et savoir quelle extension nous pouvons donner à nos cultures de Ramie ; cette extension dépend de deux choses : des machines qu'on nous offrira pour les décortiquer et du prix qu'on nous paiera le produit. Or, vous nous dites : J'ai une très bonne machine, mais je me refuse à la mettre à votre disposition.

M. Rivière : Voilà cinquante ans que nous nous adressons aux cultivateurs pour obtenir de la Ramie, et c'est nous qui, en fin de compte, sommes obligés de la cultiver. M. Marcou ne vous dit pas : Prenez ma machine, et il a raison. Nous vous avons dit que la Ramie doit être d'un bon rapport; vous voyez que vous avez des machines, cultivez de la Ramie.

M. le Président : Messieurs il ne faut pas oublier qu'il y a trois intérêts en présence : ceux du filateur, du cultivateur et du décortiqueur. M. Marcou satisfait à deux de ces intérêts, car il vous dit: J'ai une machine et j'offre de la Ramie à 70 francs. C'est déjà un commencement.

M. Marcou : J'ai déjà fait la même réponse à la première session du Congrès. A mon avis, il faut unir la culture au décorticage, et je dois dire que j'ai déjà reçu des propositions très importantes pour unir la culture à mon industrie; je ne vends pas ma machine séparément, parce que j'estime qu'elle doit servir unie à la culture.

M. le Président : Messieurs les cultivateurs, vous devez être enchantés, puisque voici les décortiqueurs qui s'offrent à tenter l'expérience de la culture.

Un cultivateur : Quand nous aurons vu fonctionner vos machines, nous saurons nous autres cultivateurs, ce que nous aurons à faire! Mais je dois vous dire dès à présent que je ne pense pas qu'on doive faire de la Ramie comme on a fait du lin; ce serait, à mon avis, une erreur absolue. Je ne vois pas du tout la Ramie comme un succédané du lin ou de tout autre textile; je la considère comme un article spécial et je me refuse à l'assimiler au lin. Ce que vous devez faire, c'est de conserver à cette fibre sa beauté initiale. Elle est plus belle que le lin, elle doit être payée plus cher. (*Applaudissements*.)

M. Michotte expose les principes de sa machine. L'opération est à peine plus chère pour le sec que pour le vert. Il a inventé un séchoir très économique et certainement supérieur à ce qui s'est fait jusqu'à ce jour, mais il ne pense pas néanmoins que le produit soit achetable à 70 francs. Il fait la décomposition du prix et des frais sur 500 kilos de tiges sèches. Sa machine, dit-il, donne 25 à 30 kilos à l'heure; frais nécessités : un homme, 3 francs; un gamin, 1 franc; un cheval, 4 fr.; en comptant largement : 10 francs de frais par jour. Quand on arrive à décortiquer à moins de 10 francs les 100 kilos, on fait une opération pratique. Pour lui, il dégomme avec un savon spécial à 1 franc le kilogramme. Il fait le calcul du dégommage et du séchage et conclut qu'il n'arrive pas à un prix très élevé. Il présente ses produits et critique simultanément l'opinion de MM. Gavelle-Brière et Favier sur l'utilisation industrielle de la Ramie en sec.

M. Rivière ne nie pas les difficultés du séchage dans les pays tempérés, mais M. Marcou a montré un produit qui a trouvé l'assentiment des industriels; a-t-il eu des difficultés de séchage préalable à son opération de décortication? voilà ce que nous voudrions savoir: le séchage n'a-t-il pas varié selon l'état hygrométique ambiant? pense-t-il que son opération serait facilitée par une dessiccation préalable plus complète?

M. Marcou : Oui!

M. Rivière : Il y aurait donc intérêt à obtenir une dessiccation absolue par des moyens préalables.

M. Marcou : Vos tiges d'Algérie sont admirablement séchées.

M. Rivière se félicite des résultats obtenus et critique le séchage en plein champ, qui, d'après lui, altère la beauté et la solidité des fils. M. Duponchel a cité des exemples de dessiccation tentée cependant au mois de juin par un temps de sirocco. On a écrasé les fibres, elles sont restées exposées à l'air libre, elles

5

ont été séchées, mais quelques heures après elles fermentaient et de plus les fibres étaient cassantes. On peut faire de la dessiccation intelligente à l'air libre en la parfaisant grâce à un appareil très simple, une étuve par exemple, et alors on obtiendra un produit parfait. Ces opérations ne sont pas très chères. Quant à lui, partisan du vert, il est cependant frappé de la facilité avec laquelle on peut obtenir du sec par la dessiccation à l'air, perfectionnée dans les conditions qu'il indiquait. Il examine divers systèmes, notamment le système Bachelery, le système Hébrard. Si on pense qu'il n'y ait plus de difficultés pour le séchage, nous sommes en présence d'un problème résolu et ce sera un point capital. Mais, d'après les expériences faites, pense-t-on que le traitement préalable favorise le travail mécanique?

M. Hébrard a fait des expériences sur de la Ramie verte; la lanière s'enlève à la main sans aucune altération du fil.

M. Michotte : Ce procédé donne une défibration plus complète, mais présente une difficulté pour le procédé mécanique : la pellicule enlevée, c'est le bouclier supprimé; n'importe quelle machine cassera les tiges et donnera de l'étoupe au lieu de donner de la filasse.

M. Rivière : La machine de M. Michotte ne pourra en effet donner aucun résultat sur le procédé Hébrard; mais la machine de M. Marcou et les broyeurs du Nord donneront d'excellents résultats sur les produits ainsi préparés. Par le jeu des organes, les pellicules ainsi obtenues sont broyées, la défibration est nette. Il y a une idée à émettre : je demande, dans l'intérêt général de la question, s'il ne faudrait pas admettre qu'un traitement préalable quelconque est nécessaire.

M. Michotte : Si vous faites subir à la plante un traitement préalable, je pense qu'aucune machine ne sera assez douce pour ne pas casser la tige.

M. Marcou : J'ai passé dans ma machine les tiges préalablement traitées par M. Bachelery à M. Hébrard, et ces messieurs ont pu se rendre compte que la machine avait toutes les qualités d'élasticité voulue pour ne pas abimer les fibres.

M. Rivière : Trouve-t-on dans la machinerie exposée un appareil qui permette d'utiliser la Ramie avec traitement préalable ?

M. Hébrard : Celle de M. Marcou, mais celle de M. Michotte est trop brutale.

M. Rivière : Messieurs, il ne faut pas confondre la défibration et la décortication. Ce sont deux termes absolument différents. Les organes nécessaires au travail ne sont pas ceux qui décortiquent.

Un membre : M. Hébrard expose-t-il son procédé?

M. Hébrard : J'en exposerai les résultats. Les fibres sont prêtes, je cherche parmi les outils exposés une machine à ma convenance.

M. Quellmatz : Moi, je pense que si M. Marcou peut vendre 70 francs les 100 kilos, c'est déjà un grand pas.

M. Rivière dit qu'il a été soulevé une question des plus importantes. M. Swyngheedaw assure que le produit présenté par la machinerie Lacôte-Marcou est immédiatement utilisable en industrie, mais que si ce produit était dégommé il aurait une valeur beaucoup plus grande...

M. Quellmatz : Beaucoup! Si M. Marcou peut vendre à 70 francs, il trouvera partout des acheteurs... C'est un point très important, c'est le commencement de l'exploitation industrielle de la Ramie. Si on a enfin trouvé une machine qui puisse...

M. Faure : Quelle différence faites-vous entre le China-grass et le produit en sec qu'on vient de vous montrer?

M. Quellmatz : Le China-grass coûte beaucoup trop cher pour ce qu'il peut donner. Si je puis acheter de la Ramie en sec, je la préférerai de beaucoup.

M. Faure : Vous préférez acheter au sec à 70 francs, arrivez-vous à faire des produits plus fins ?

M. Rivière : Pense-t-on qu'en sec un faible dégommage soit suffisant ?

Les avis sont partagés, toutefois les filateurs se prononcent pour l'affirmative.

On discute ensuite la question des *flammes*. M. Cornu explique que, d'après l'étude microscopique, elles sont produites par de la pellicule demeurée à l'état sec.

M. Paul Swynghedaw : La flamme existe forcément dans la filasse dégommée à l'état sec, comme elle existe dans le vert. A mon avis, il faut chercher à faire le dégommage pendant les opérations de filature. La filasse de MM. Lacôte et Marcou peut faire du fil jusqu'à 30 ou 35, au dessus il faudra prendre de la filasse qu'on devra dégommer complètement. Il n'y a donc pas de comparaison possible entre les deux filasses ; mais, à mon avis et pour l'usage auquel nous la destinons dans le Nord, la filasse de MM. Lacôte-Marcou est la meilleure.

M. Marcou : En résumé, alors qu'il paraissait avoir été établi, en fin de la première session, qu'il fallait décortiquer en sec pour obtenir du 30, 35, aujourd'hui on paraît supposer qu'on peut obtenir des numéros plus fins avec notre procédé.

M. Quellmatz : Si la machine de MM. Lacôte et Marcou laisse assez de solidité à la filasse, il faudra l'essayer pour les numéros moyens, mais c'est déjà un grand succès de pouvoir passer directement à la filature.

M. Cornu rappelle que M. Gavelle-Brière abandonnait les numéros fins qu'il proclamait réservés au vert.

M. Quellmatz pense que si les essais en sec n'ont pas mieux réussi jusqu'à présent, c'est que l'argent a dû manquer.

M. Michotte : M. Favier a perdu cinq millions dans la Ramie. M. Ferret a fait des essais coûteux à Essonnes.

M. Cornu : MM. de Rothschild, notamment, ont mis beaucoup d'argent dans la Ramie.

M. Michotte expose l'affaire Ferret. Si on l'a abandonnée, c'est qu'il n'y avait pas de machines à décortiquer.

M. Cornu tient à ce qu'il soit rendu justice aux efforts de M. Favier.

M. Rivière : Nous sommes ici en présence d'un seul traitement en sec, qui représente cependant un ensemble de procédés de même nature. Il y a, en cours d'étude, différents procédés qui se rapprochent du but à atteindre. Je demande à M. Marcou ce que sa machine peut faire par jour ?

M. Marcou donne quelques explications techniques à l'appui des résultats qu'il a déjà produits.

M. Rivière : Quel est le rendement ?

M. Marcou : Notre première machine rend 400 kilos de lanières ; la deuxième, 80 à 100 kilos de filasse.

M. Rivière : En dix heures vous pouvez donnez 100 kilos ?

M. Marcou : Oui !

M. Rivière, après un échange de calculs, dit : Est-il permis d'espérer que le cultivateur qui ferait trois coupes pourrait retirer 200 ou 250 francs à l'hectare ?

M. Marcou a établi ses calculs avec M. de Brémond d'Ars pour les cultures de Ramie au Cambodge ; ils sont arrivés au prix de 70 francs qu'il a déjà indiqué, en tenant compte du rendement de revient.

Divers : Le fret était-il compris?

M. Marcou : Fret payé, à 70 francs les 100 kilos, nous avions encore un bon bénéfice.

M. Rivière rappelle que la Ramie ne convient guère aux pays tempérés et que, dans les pays chauds, le rendement brut de trois coupes, facile à obtenir, serait de 2.000 francs. Croyez-vous, M. Marcou, qu'avec votre machinerie, il reste encore un bon bénéfice pour le cultivateur?

M. Marcou : Oui!

Divers : Quel est le personnel que nécessite la machinerie Lacôte-Marcou?

M. Marcou : Pour la première machine, un servant et un gamin; pour la deuxième machine, un gamin ou une femme et un servant... à moins que vous n'installiez une courroie sans fin.

M. Chanteloube : Puisque vous avez essayé de réunir les cultivateurs et les industriels, vous rendrez un très grand service aux agriculteurs en les fixant par des notions exactes.

M. Rivière rappelle à l'honorable M. Chanteloube père, d'Alger, les conclusions de la première session du Congrès. Il rappelle notamment qu'en Algérie la main-d'œuvre est chère et le rendement relativement minime.

M. le Président : Résumons-nous, Messieurs. M. Marcou peut obtenir de la filasse décortiquée en sec à 700 francs la tonne, sans s'occuper ni de l'agriculteur, ni de l'industriel, voilà une base. Les industriels nous disent qu'ils peuvent l'utiliser ; en voilà une autre. Nous pouvons poser ce principe : pour la Ramie décortiquée en sec, un des concurrents l'offre à 700 francs la tonne.

Je demande que ceci soit consigné au procès-verbal, et que le Congrès prie M. Marcou de fournir à l'industrie la quantité la plus considérable possible de son produit.

M. Rivière tient à rappeler que, lors de la première session, M. Promio avait promis d'apporter de la Ramie en sec. M. Promio, qui est présent, fait-il des observations sur ce qui a été dit? ce prix de 700 francs la tonne lui paraît-il acceptable?

M. Promio n'a pas pris la parole jusqu'à ce jour, mais les études qu'il a faites ont résolu une grave question, celle du séchage. Il a acquis la certitude que, dans certaines conditions, la Ramie ne se putréfie pas, qu'elle peut se sécher. Reste la question de prix. Or, M. Promio affirme qu'il est parvenu à sécher économiquement et rapidement, en enlevant de la tige ses 80 % d'eau, par un procédé qui n'est ni l'étuve, ni l'autoclave..... Le broyage étant fait par la machine Marcou, nous n'avons plus rien à souhaiter pour sécher. Si l'on nous offre de la Ramie décortiquée à sec à 700 francs la tonne, nos industriels marcheront.

M. Rivière : J'insiste, Messieurs, sur cette question. D'après vos études et vos relations avec les industriels du Nord, pouvez-vous confirmer les assertions de M. Marcou?

M. Promio : J'ai travaillé avec M. Bachelery; il prenait des tiges vertes, les passait dans une atmosphère d'acide carbonique, les broyait et les séchait. J'ai connu M. de Bièvre, qui s'est rendu à Alger et a soumis des tiges au traitement Bachelery. On a ensuite broyé un lot de tiges Bachelery et un lot de tiges non traitées; les tiges non traitées ont été d'un meilleur rapport que celles traitées par le procédé Bachelery.

Si on lui pose la question au sujet du travail de la machinerie Marcou, il affirme que les industriels du Nord sont prêts à utiliser la filasse de cette maison à 700 francs la tonne. Il rappelle d'ailleurs l'opinion exprimée avec tant de force et de compétence par M. Gavelle-Brère.

On rentre de nouveau dans les questions de détail.

M. Marcou : Si vous ne dégommez pas, vous n'obtiendrez que du 35 : mais si vous dégommez, vous obtiendrez mieux.

M. Quellmatz est de cet avis. Si on dégomme la filasse de M. Marcou, on obtiendra un meilleur résultat.

M. le Président, se plaçant au point de vue de l'utilisation de la filasse en sec, fait une savante et courte étude : les fibres sont évidemment altérées par le traitement en sec, l'observation au microscope permet de le constater ; les fibres étant altérées, la continuité de la fibre, si nécessaire, est problématique ; elles sont machées transversalement et cette déchirure se colore facilement par les réactifs, cette altération très visible et très notable nuit à la solidité de la matière. Si l'on admet qu'il est hors de doute que la Ramie décortiquée en sec est déjà altérée, ne faudra-t-il pas en revenir à la Ramie en vert, ce qui paraissait être la conséquence des discussions des années antérieures?

M. Michotte rappelle ses nombreux essais. Si on dégomme de la lanière obtenue par la machine, elle énerve la fibre...

M. Promio est d'avis qu'il ne faut mettre ni en comparaison, ni surtout en contradiction le vert et le sec, puisque l'un et l'autre ont leur application industrielle. Le procédé en sec a une très grande valeur : c'est son prix de revient.

M. Cornu : Oui, mais la fibre en sec est déjà rompue, machée et on ne peut la dégommer entièrement.

M. Faure : La question, Messieurs, a déjà été étudiée en 1891 ; à cette époque, on avait condamné la décortication en sec et l'on se bornait à penser qu'il fallait produire mécaniquement du China-grass. Tous les échantillons soumis au Concours, notamment ceux de la machine Favier, s'inspiraient de ce principe.

A mon avis, il faut faire une machine qui donne du China-grass, et jusqu'à présent les machines en sec ont toujours abimé la matière. Maintenant, si vous avez pu trouver une machine qui ne l'abime pas, j'y applaudis de tout cœur. Néanmoins je fais remarquer qu'en sec il n'est pas possible de dépasser le 30 ou 40, alors qu'en vert on fera tout ce qu'on voudra. Je ne nie pas l'intérêt qu'il y a à trouver un procédé qui donne de la matière en sec.

M. Swynghedaw : Il y aura donc deux utilisations de la Ramie : en sec, elle viendra à l'appui du lin dont la pénurie se fait sentir ; en vert, elle permettra de faire des articles fins.

M. le Président : Parfaitement, ce seront, si j'ose n'exprimer ainsi, deux industries différentes, deux sœurs d'une même famille.

M. Quellmatz compare la Ramie au jute.

M. Cornu : La fibre de Ramie est absolument différente de celle du jute. Mais il s'étonne, après avoir exprimé l'espoir qu'il formulait tout à l'heure, qu'on n'ait pas rappelé davantage que la fibre est broyée dans les systèmes de décortication en sec.

Divers : A-t-on fait des expériences ?

M. Marcou : Oui. On dit que la décortication en sec abime la plante. Eh bien ! M. Imbs, professeur de filature au Conservatoire des Arts et métiers, a dit en voyant fonctionner ma machine : « Une seule chose m'étonne, c'est la première que je vois qui n'abime pas la plante. »

M. le Président : Nous sommes heureux de ce que vous nous dites là.

M. Rivière, s'adressant à M. Promio : A-t-on, dans les industries du Nord, trouvé des difficultés à utiliser les produits du sec?

M. Promio : Les fibres préparées en sec n'ont présenté aucun inconvénient, ni au peignage, ni au blanchiment, ni à la filature.

La séance est renvoyée au lendemain 2 heures après midi.

Quatrième séance.

JEUDI 4 OCTOBRE. — APRÈS-MIDI.

Comme il a été convenu dans la séance du mercredi soir 3 octobre, la séance du jeudi doit être consacrée au décorticage en vert. Aussi les décortiqueurs, les cultivateurs et les filateurs, français et étrangers, sont-ils venus très nombreux dans la salle des Conférences de l'Exposition coloniale, au Trocadéro.

MM. Cornu, président, Martel, vice-président, et Rivière, rapporteur général, sont au bureau, sur lequel des échantillons ont été déposés par MM. Faure, Estienne, Michotte, Lacôte et Marcou.

Sur la grande table de 18 couverts disposée dans la salle on admire le merveilleux linge en Ramie de la Société générale française de la Ramie, ainsi que diverses pièces exposées par MM. Quellnatz, Pümpin, etc... MM. Lacôte et Marcou présentent un tableau qui permet d'examiner la Ramie travaillée par eux sous toutes ses formes, séchée, déboisée, défibrée, en filasse, tissée, confectionnée, etc...

M. Boulland de l'Escale, secrétaire-rédacteur, occupe sa place habituelle.

La séance est ouverte et immédiatement M. Estienne donne quelques explications sur sa machine :

Différant en cela des machines antérieurement inventées, la machine La Gauloise enlève simultanément le bois et la pellicule. Elle décortique la Ramie en vert, mais ne brise pas les fibres et les laisse intactes sur toute leur longueur, conservant ainsi leur parallélisme naturel et fournissant une fibre régulière et inaltérée. Enfin, sa production est satisfaisante et la force qu'elle absorbe minime, puisque pour un cheval-vapeur environ La Gauloise peut débiter 10 kilogrammes de tiges vertes par minute, ce qui correspond, suivant l'origine, la variété et la qualité de la Ramie, à 400, 500, 1.000 et 1.200 grammes de filasse séchée. La Ramie de Cochinchine donne, en effet, ce dernier rendement, transportée en France, mais il est vraisemblable qu'on en obtiendrait mieux au pays de production. On peut donc estimer que, pour une journée de dix heures, on obtient de la nouvelle machine de 270 à 720 kilogrammes de filasse sèche.

Les expériences publiques faites à Courbevoie les 12, 13, 14 et 16 novembre 1899, sur les tiges de Ramie de Gennevilliers et de Cagnes (Alpes-Maritimes) ont produit une décortication parfaite de 10 kilogrammes de tiges vertes à la minute, soit 6 tonnes de tiges à la journée de dix heures. Le rendement aurait donc varié, selon la provenance des tiges, de 240 à 600 kilogrammes de filasse séchée.

Les organes caractéristiques de la machine sont les suivants : une enclume, un batteur muni de lames et un rouleau élastique. Les tiges sont brisées et déboisées entre l'enclume et les lames du batteur, puis immédiatement raclées et débarrassées de la pellicule, entre ces mêmes lames et le rouleau élastique.

Parmi les organes complémentaires, nous remarquons, d'abord, deux rouleaux d'alimentation, placés à l'extrémité d'une table et devant l'enclume, qui saisissent les tiges et les débitent à une vitesse d'environ 0ᵐ,35 par seconde. Ces tiges passent alors sur l'enclume, puis entre cette enclume et les lames du batteur. Il advient alors que toute la partie dépassant l'enclume est broyée par le choc des lames qui chassent le bois et ne laissent que la filasse à laquelle adhère encore la pellicule.

Le déboisage effectué, chaque lame saisit la lanière d'écorce et la force à passer entre elle et une toile sans fin enveloppant le rouleau élastique mentionné plus haut. La lame s'imprime dans la toile sans fin et racle la lanière d'une façon continue sans racler la toile, parce que cette lanière a seulement une vitesse de 0ᵐ,35, comme les rouleaux d'alimentation, tandis que la lame et la toile ont l'une et l'autre une même vitesse d'environ 3ᵐ,85. L'écorce est forcément raclée, car elle ne peut être entraînée, maintenue qu'elle est par la pression des cylindres d'alimentation, qui agissent comme un laminoir sur la partie non encore décortiquée.

On le voit donc, le nombre des organes de la machine *La Gauloise* est réduit à un minimum ; de plus, elle est construite de telle façon que le démontage et le réglage soient à la fois faciles et rapides. Pour en visiter l'intérieur, il suffit de dévisser deux écrous à oreilles montés sur reports et, tout en maintenant le rapprochement des rouleaux d'alimentation, relever le châssis articulé sur pointes qui supporte le rouleau supérieur. Elle est donc d'une manœuvre facile, et tout la recommande à l'attention de ceux qui, depuis longtemps, sont à la piste d'une bonne machine à décortiquer la Ramie.

M. Promio demande si les tiges sont effeuillées.

M. Estienne dit qu'il est obligé d'effeuiller les tiges.

M. P. Faure, de Limoges, a la parole et s'exprime ainsi :

« Messieurs,

« Hier, j'ai rappelé au Congrès que, lors du Concours de 1891, la décortication en sec avait été condamnée et que le problème de la décortication de la Ramie se résumait dans la découverte d'une machine capable de donner du « China-grass ».

« Aujourd'hui, des collègues nous annoncent des machines résolvant le problème du travail en sec ; les filateurs apprécient le produit et le déclarent utilisable pour les gros numéros.

« Le « China-grass » est réservé pour les beaux fils et tissus.

« Souhaitons, Messieurs, que les expériences qui vont être faites soient couronnées d'un plein succès et que le Congrès puisse affirmer la solution du travail en sec et celle du travail en vert.

« Maintenant, Messieurs, je vais vous demander la permission de parler du « China-grass ».

« Il est reconnu, par une longue pratique industrielle, que ce produit, c'est-à-dire la lanière que livre le Chinois après avoir raclé au couteau l'écorce de la Ramie, permettait, par un dégommage approprié, de faire des fils très beaux, comparables par certains côtés à la soie, en tous cas capables de faire de très beaux tissus.

« J'ai partagé l'opinion des experts qui ont déclaré qu'il fallait conserver à ce textile toutes ses belles qualités et que l'objectif de l'inventeur mécanicien devait être la production d'une lanière idéale.

« J'espère vous démontrer, Messieurs, que ce résultat est entièrement obtenu.

« La machine que je vais avoir l'honneur de vous montrer est d'une simplicité étonnante. Elle comprend tout simplement deux organes : un batteur et un contre-batteur.

« Ce dernier est à équilibre instable et possède un profil déterminé.

« L'instabilité permet un état vibratoire ; le profil, un travail de ripage.

« Vous comprenez déjà que quand on plonge dans la machine une tige de Ramie, l'écorce de cette dernière subit un travail de ripage conjugué avec un mouvement vibratoire, ce qui permet le détachement facile des corps qui entourent la fibre.

« C'est ce qui explique pourquoi les fibres sortent bien pures et parallèles.

« Quand vous examinerez ma machine, vous constaterez que j'ai évité les complications mécaniques qui sont néfastes quand on travaille un produit qui abandonne 93 % de déchets et dont les débris enduits de gommes se collent sur tous les organes.

« Vous constaterez enfin que les organes travaillant se nettoient d'eux-mêmes et qu'après tout travail la machine est dans les mêmes conditions qu'au moment de la mise en marche.

« Je présente trois types de machines :

« Le premier, par commande à manivelles, est destiné aux expériences en plein champ.

« Le deuxième par commande à moteur quelconque.

« Le troisième, dénommé « type industriel », possède un système de câble sans fin pour le retour automatique des lanières.

« Pour vous fixer sur la marche de mes machines et sur le côté économique de la question, je ne saurais faire mieux qu'en vous donnant lecture de la note suivante :

NOTE SUR LA RAMIE

Le Dr Schulte, qui a fait une étude très appréciée sur la Ramie, arrive du Cameroun, colonie allemande.

Il s'est arrêté à Limoges pour constater les derniers progrès réalisés sur la décortication mécanique de la Ramie.

Voici l'attestation qu'il a remise à M. Faure :

« Je soussigné, docteur Schulte im Hofe, certifie avoir constaté chez M. Faure, à Limoges, les résultats suivants :

Deux machines, l'une, type industriel, à retour automatique ; l'autre, type de démonstration, étaient installées face à face.

Chacune d'elles était desservie par un jeune homme.

La Ramie avait été au préalable déposée sur une table établie entre les deux machines.

Sur l'une de ces machines, celle du type de démonstration, le jeune homme préposé décortiquait les gros bouts ; l'autre jeune homme prenait les tiges, les plongeait dans la deuxième machine et, automatiquement, un ruban comprenant trois tiges de Ramie sortait décortiqué, après avoir épuisé une partie de son liquide.

L'ensemble était combiné de telle façon que les lanières sortaient à jet continu.

Quand on prenait un paquet de ces lanières et qu'on les agitait dans l'eau, les fibres se séparaient et on les voyait blanches et parallèles de toute la longueur de la tige.

Les constatations ont été les suivantes :

Longueur des tiges, 2 mètres.

Diamètre moyen, 11 millimètres.

Ces tiges, fraîchement coupées, avaient été étêtées sur une longueur de 25 centimètres environ.

Elles possédaient encore au moins la moitié de leurs feuilles.

Les tiges ont été décortiquées avec les feuilles restantes.

Un lot de 500 tiges a pesé exactement 52 kilos, soit, à très peu près, 100 grammes par tige.

Ces 500 tiges ont été décortiquées en 23 minutes.

Les 500 tiges, du poids de 52 kilos, ont donné 3 kil. 820 de lanières admirablement décortiquées; ces lanières, sèches, ont pesé 1 kil. 483, soit un rendement de 2,85 du poids des tiges fraîches, avec moitié environ des feuilles.

A mon jugement, le produit obtenu vaut le plus beau « China-grass » qu'il m'a été donné de voir.

Je suis heureux de donner cette constatation à M. Faure, car j'ai été véritablement enthousiasmé du parfait fonctionnement des machines qu'il m'a montrées; je ne m'attendais pas à un résultat pareil. »

La Pacaille, le 4 août 1900.

Dr SCHULTE IM HOFE, de Berlin.

P.-S. — Comme les machines ont fonctionné sans la moindre entrave, il est possible de conclure que 13.000 tiges correspondant à 36 kilos de lanières sèches peuvent être décortiquées en 10 heures de travail effectif.

Dr S.

Le lot de Ramie dont il s'agit faisait partie d'une plantation dont la coupe était commencée depuis un mois. Il y a là l'indication qu'un champ de Ramie peut impunément rester un mois sur pied, après maturité, sans que le travail à la machine présente la moindre difficulté.

Le rendement de 2.85 % constaté par le Dr Schulte a trait à des tiges avec partie de leurs feuilles; il est exactement le même que celui de 3 % avec des tiges effeuillées.

Voici maintenant un exposé instructif pour les cultivateurs des pays où 3 et 4 coupes peuvent être obtenues.

Supposons un cultivateur, propriétaire d'un champ de Ramie d'une superficie d'un hectare, donnant 3 coupes.

Cet hectare produira par coupe 600 kilos de lanières sèches, valant 75 centimes le kilo, ce qui correspond à une valeur moindre de celle du « China-grass » coté 0 fr. 70, attendu que la lanière qui sort de la machine Faure possède moins de gomme que le « China-grass ».

Nous négligeons à dessein les chiffres de 800 et 1.200 kilos préconisés par les ramistes comme production par hectare et par coupe : nous ne prenons que le chiffre certain.

Trois coupes donneront donc 1.800 kilos de lanières sèches, soit, à 0 fr. 75 le kilo, une valeur brute de 1.350 francs.

Admettons que le cultivateur travaille lui-même avec sa famille, soit sa femme et 2 ou 3 enfants.

Nous avons vu que la décortication pouvait encore se faire un mois et plus après maturité; dès lors, si on compte six à sept semaines pour la durée de chaque pousse, le cultivateur aura 4 à 5 mois à sa disposition pour effectuer la décortication des trois coupes de son champ.

Or, la décortication proprement dite lui demandera exactement 60 jours, à raison de 30 kilos par jour. Le reste du temps sera employé au séchage des lanières, à leur empaquetage et aux travaux généraux de la propriété.

Mais, comme le champ de Ramie demandera dans le courant de l'année quelques travaux d'ordre agricole, du reste peu importants, on peut admettre que les travaux de toute nature relatifs à l'exploitation d'un hectare de Ramie demanderont au cultivateur et à sa famille un maximum de 100 jours de travail par an.

Possesseur du matériel nécessaire, son hectare de Ramie lui rapportera donc 1.350 francs, moins les frais de fumure, ceux de force motrice et d'amortissement du matériel.

Les frais de fumure varieront suivant les régions; quant à ceux de force motrice (il s'agit de 2 chevaux-vapeur), ce serait peu de chose si le cultivateur avait à sa disposition une force hydraulique.

Dans la généralité des cas, il lui faudra un moteur, soit à vapeur, soit à pétrole, et la dépense s'élèvera à 250 francs environ pour les 60 jours de travail de décortication.

Pour l'ensemble : fumure et force motrice, c'est compter suffisamment que d'admettre 350 francs pour l'ensemble.

Reste net : 1.000 francs.

Ainsi, voilà une famille qui consacrera au total 100 jours de travail, c'est-à-dire moins du tiers d'une année, à l'exploitation d'un hectare de Ramie et qui réalisera un millier de francs.

Pour arriver à ce but, le cultivateur aura dû faire les avances d'une plantation qui ne donne de résultats qu'après la deuxième année et l'achat du matériel mécanique.

Les avances de culture se trouveront récupérées par la suite, car les souches auront besoin d'être divisées de temps à autre et donneront des rhizomes qui pourront ou être vendus ou servir à l'augmentation de l'exploitation.

Reste l'amortissement du matériel.

Le capital engagé par les machines sera, d'une part :

2.500 fr. pour décortiqueuses;
2.200 fr. pour moteur;
300 fr. pour transmission,
et 1.000 fr. pour transport et divers.

TOTAL... 6.000 fr.

Rappelons que ce matériel pour l'exploitation d'un hectare ne fonctionnera que 60 jours.

Avec 2 hectares il travaillerait 4 mois, et c'est sur cette base qu'il faut compter pour l'amortissement qui peut alors être évalué à 300 francs par an et par hectare.

Il convient de noter ci que l'étêtage des tiges de Ramie donnera des feuilles très pures qui pourront être utilisées pour la nourriture du bétail.

Les débris seront utilisés comme fumure ; ils forment environ 90 % du poids des tiges vertes.

Enfin, les déchets filasses, si on dispose d'un cours d'eau pour les épurer et dégommer en partie, donneront un certain bénéfice.

Toutes choses considérées, on peut, sans témérité, admettre que le chiffre d'amortissement de 300 francs peut être réduit à 200 francs, la différence comprenant les profits que nous venons de signaler.

Sur le produit total de 1.000 francs, le cultivateur peut donc compter sur un bénéfice net de 800 francs.

Nous nous demandons quelle est la culture qui peut lui donner un pareil bénéfice.

Nous sommes néanmoins loin des calculs fantaisistes qui ont fait tant de mal à la question Ramie.

On voudra bien reconnaître que les chiffres que nous exposons sont consciencieusement établis et que suivant toutes probabilités le résultat final ne pourra qu'être augmenté.

Mais le résultat dût-il éprouver une variante de 30 % en raison de la fluctuation des cours qu'il serait encore fort convenable.

Les pays qui donneront plus de 3 coupes se trouveront dans des conditions plus avantageuses et, s'il est vrai que dans certaines régions le rendement atteint 800 à 1.200 kilos de lanières sèches par hectare et par coupe, il sera facile de compter la plus-value des bénéfices.

« Après cette lecture, poursuit M. Faure, vous devez, Messieurs, être suffisamment édifiés sur l'avenir de la question Ramie.

« On objectera sans doute que la production de 30 kilos est faible et que l'idéal serait d'avoir une machine produisant des centaines de kilos.

« Je répondrai : Pour faire très bien, il faut fatalement le temps nécessaire et les conditions voulues. Si on veut se contenter d'un produit non épuré, d'une qualité inférieure, il n'y a qu'à ne pas pratiquer le mouvement de retour et alors on passera des tonnes de Ramie que l'on recueillera sur un transporteur automatique, ainsi que je l'ai pratiqué en 1891.

« A mon avis, ce serait une erreur : il faut livrer un produit irréprochable et je crois avoir suffisamment démontré que ce résultat était atteint en combinaison avec le côté économique.

« Je terminerai, Messieurs, en soumettant au Congrès un plan d'installation de vingt machines.

« Vous y lirez les dispositions étudiées pour l'enlèvement facile des déchets, pour le séchage des lanières, le transport automatique de ces dernières, enfin l'utilisation de la vapeur d'échappement pour le séchage des lanières.

« Je crois que tout est suffisamment étudié, suffisamment élaboré pour que l'industrie de la Ramie commence à prendre l'essor que lui réserve l'avenir. »

M. Chanteloube père, d'Alger, déclare qu'après avoir entendu les explications extrêmement intéressantes au point de vue général et au point de vue professionnel de M. P. Faure, il ne se trouve pas sensiblement plus avancé au point de vue agricole. Il subsiste là, pour lui, un point obscur que la discussion et les savantes dissertations de M. Faure n'ont pas éclairci. M. Faure se borne à faire passer dans sa machine les tiges qu'il fait pousser sur son terrain et qui, en effet, sont magnifiques.

M. Lacôte tiendrait à savoir quel est le prix de revient qu'indique M. Faure.

M. Pümpin, pour répondre à une question qui lui est posée, déclare qu'il dégomme le China-grass et l'assouplit avant de le passer à la peigneuse. Quant à la Ramie que présente M. Faure, il avoue que jusqu'à présent on ne lui a rien montré d'aussi beau. Comparée au China-grass, celle-là est meilleure, quoiqu'un peu jaune. Pour lui, il serait acheteur de cette matière et la paierait facilement de 60 à 70 francs les 100 kilos.

M. Cornu : Voyons, messieurs, il faudrait bien préciser : le China-grass présente des lanières collées qui ressemblent à du foin ; celles-ci sont plates et peu agglutinées ; que préférez-vous ?

M. Pümpin : Pour moi, je préfère de beaucoup ces lanières au China-grass ordinaire.

M. Faure : Or, Messieurs, M. Favier nous a dit à la précédente session que le prix moyen du China-grass était de 75 francs les 100 kilos. Jugez du prix qu'on devrait nous offrir des lanières de Ramie.

M. Michotte : On en a offert 50 francs à Shanghaï.

M. Cornu : Oui, mais il y a les frais de transport, et, de plus, les arrivages sont irréguliers.

M. Lacôte : Je reviens à ma question. Pour savoir la valeur d'un produit, il faut savoir son prix de revient ; or, M. Faure ne nous a pas donné le sien, et si je m'en rapporte aux chiffres qu'il a énoncés, ils ne me paraissent pas exacts.

M. Lacôte discute vivement les théories et les prix de M. Faure.

M. Michotte se joint à M. Lacôte pour demander le coût du travail de M. Faure. Quel est le prix exact de la décortication, système Faure, pour 100 kilos?

M. Faure : Je compte 0 fr. 50, prix de vente du produit ; valeur agricole par kilogramme de lanière sèche, 0 fr. 10... Avec ces chiffres, j'estime que le rendement minimum doit être de 240 francs par homme et par hectare.

Avec une main-d'œuvre peu élevée je compte, comme frais de décortication et frais généraux, 0 fr. 20 par kilo, car avec un homme et un gamin je puis décortiquer 30 kilos. Deux femmes suffisent à enlever la production de 20 machines et à la mettre sur des traverses en fer.

En résumé, en comptant un homme et un gamin par machine, j'arrive au prix de revient total de 6 francs par 100 kilos. Si je compte moitié pour la machine, reste 3 francs pour l'opération de décortication.

M. le Président demande au Congrès de revenir aux questions générales qui, seules, doivent entrer en discussion ici. Les décortiqueurs en sec ont, dit-il, refusé les renseignements précis qu'on leur demandait sur leurs opérations, pourquoi voudrait-on les obtenir des décortiqueurs en vert?

. L'incident est clos, et M. Michotte a la parole pour l'exposé de sa machinerie et de son travail.

M. Michotte dit qu'il s'est inspiré de l'opinion des planteurs, qui demandaient une machine travaillant en vert, ce que ses études personnelles lui ont confirmé.

Le problème posé est d'extraire en un nombre de jours très courts, si l'on ne veut retarder la coupe qui suit, 1,500 kilog. de matières, de 60 à 75,000 kilog. de tiges éminemment fermentescibles, et ce, dans des pays lointains, en l'absence de tout mécanicien.

Il faut donc une machine agricole et non une machine d'usine, à organes robustes, peu fragile, et sans réglage minutieux, facilement démontable, et aussi légère que possible pour le transport.

Sa machine répond à ces desiderata; elle se compose de deux cylindres, un batteur, un contre-batteur, le tout robuste et rustique, démontable par 4 boulons, chaque pièce pesant 50 kilog.; elle ne peut s'engorger, et elle est la seule qui effeuille automatiquement. Le produit qu'elle donne est une lanière brute, ayant une grande partie de sa pellicule et donnant 300 kilog. de rendement en lanières sèches par jour.

M. Michotte explique pourquoi, contrairement à d'autres, il ne veut pas faire du China-grass; ceci pour deux raisons: la première, c'est que pour l'obtenir on est obligé de réduire la production à des quantités tellement modestes que le prix de revient du décorticage est égal, pour ne pas dire supérieur, à celui du China-grass produit manuellement.

L'industrie de la Ramie ne se développera pas et n'atteindra pas le développement auquel elle doit prétendre tant que ce prix ne sera pas baissé très fortement.

On doit dégommer le China-grass mécanique; on doit également dégommer la lanière, cela est un peu plus difficile à faire, mais n'est pas beaucoup plus coûteux que pour obtenir le dégommé de China-grass.

Il montre des échantillons obtenus et établit les prix de revient du décorticage et du dégommage.

Décorticage. — Frais journaliers:

1 homme par machine......................	3 fr.
1 enfant...............................	1 »
1 cheval-vapeur.........................	5 »
Amortissement-graissage.................	1 »
Soit..........	10 fr.

Il fait remarquer qu'en travail aux colonies cela coûtera 50 % de moins

La machine travaillant de 1.000 à 1.500 kilog., soit 250 à 375 kilog. de production ou en chiffre moyen 300 kilog., cela donne 3 fr. 30 par 100 kilog. de lanières.

Pour éviter toute surprise, il doublera ce prix, afin de montrer que même avec un travail de 750 kilog. la machine est pratique: cela donne 6 fr. 50.

La culture coûte par an......................	350 fr.
Coupe (pour 4 coupes, prix de France)........	50 »
Séchage et mise en balles des lanières........	50 »
Amenage des tiges et divers..................	50 »
Frais de décortication (pour 6 000 kilog. à 6 fr. 50)........	390 »
Total.............	900 fr.

ou 15 francs les 100 kilog.

Comptons 15 francs de bénéfice pour le cultivateur; nous avons la lanière brute à 20 francs les 100 kilog. en laissant 800 francs net à l'agriculteur par hectare et par an, déduction faite de 100 francs de transport (6 tonnes à 15 francs).

Dégommage. — Dans cette opération il y a perte de 30 %, cela met la matière première à 0 fr. 60 le kilog.

Le coût du procédé est :

4 kilog. de savon (prix très majoré)......................	4 fr. »
Charbon (100 kilog.).............................	4 fr. »
2 hommes à 4 francs : 8 francs pour 1.000 kgr, soit par 100 kgr..................................	0 fr. 80
Amortissement et séchage........................	1 fr. 20
	10 fr. »

ce qui, ajouté aux 60 francs de matière première, donne un produit dégommé propre à la filature à 70 francs les 100 kilog.

Il ajoute qu'à son avis la solution est là et que c'est la seule à adopter, vu que les échantillons présentés sont après dégommage identiques en tous points à ceux obtenus avec le China-grass actuel ou avec le China-grass mécanique dégommé, et que tout ce qui a été dit au Congrès, loin de modifier son opinion, n'a fait que confirmer les idées par lui précédemment émises dans ses écrits.

On fait observer à M. Michotte qu'il doit sécher les lanières.

M. Michotte répond qu'il s'étonne de la question, vu que certains membres ont trouvé très simple le séchage des tiges alors qu'il le prétend impossible; que les lanières n'exigent qu'un séchage à l'air de vingt-quatre heures ; et que cette opération n'a à se faire que sur 2.000 kilogrammes de matières en ruban contenant de 20 à 30 % d'eau, que c'est là une opération facile, et sans grand travail, qui s'opère, en fin de travail, sans ouvriers spéciaux.

On demande également pourquoi cette différence de travail, entre les machines 30-80-300 kilogrammes de production. Il répond que dans la machine Faure on traite les tiges une à une et avec un double mouvement d'entrée et un de retour ; que la machine Estienne pousse 10 tiges à la fois avec un seul mouvement, et la machine Michotte de 30 à 60 tiges à la fois avec un seul mouvement et ce 4 fois la minute.

M. Marcou dit que lui aussi peut produire des lanières vertes, il en montre les échantillons et ajoute :

La machine déboiseuse Lacôte peut avec une légère modification travailler la Ramie en vert : elle donne une lanière non dépelliculée, mais complètement débarrassée du bois et dont l'écoulement est assuré pour certains produits.

Dans son autoclave, M. Michotte traite la lanière, et M. Duponchel préfère, je crois, la lanière non dépelliculée ; il en est acheteur ; c'est un produit dont il a l'utilisation.

M. Cornu résume en quelques mots la discussion et ajoute que la parole doit être maintenant aux machines et aux expériences du concours, dont les opérations commenceront le lundi 8 octobre.

La séance est levée à 6 h. 1/2 du soir et la continuation des débats est renvoyée au jeudi 11 octobre, à 9 h. 1/2 du matin.

Cinquième séance.

JEUDI 11 OCTOBRE. — MATIN.

Le concours de machines à décortiquer la Ramie installé quai Debilly, en face du pavillon du Sénégal, ayant suivi son cours pendant les journées qui se sont écoulées depuis le 4 octobre, et de nombreuses expériences ayant eu lieu, soit en présence du jury, soit devant les membres du Congrès, qui ont eu ainsi le loisir de voir fonctionner toutes les machines, les séances ont été reprises le jeudi matin 11 octobre, dans la salle des conférences de l'Exposition coloniale.

Le nombre des congressistes s'est augmenté de quelques retardataires et d'un certain groupe de praticiens qui, après avoir assisté aux opérations du quai Debilly, ont tenu à se faire inscrire.

M. le président Cornu est au bureau avec MM. Martel et Rivière; M. Boulland de l'Escale à la table des secrétaires.

M. Cornu ouvre la séance. Les membres du Congrès, dit-il en substance, ont maintenant vu fonctionner les machines, ils apporteront donc aux discussions qui vont s'ouvrir un esprit plus éclairé. D'autre part, le jury, composé d'hommes très compétents en la matière, a commencé ses travaux. M. le Président espère même que l'un de ses membres, l'honorable M. Dupont, qui préside à la Banque de France à la confection des billets de banque, pourra venir avant la fin de la séance donner au Congrès quelques détails sur l'adaptation de la Ramie à la fabrication du papier à billets de banque. Depuis des années, en effet, on fait avec la Ramie des papiers d'une grande solidité, d'une grande valeur, destinés surtout à la confection des billets de banque et des papiers financiers. Il est à souhaiter que M. Dupont veuille bien venir traiter, devant le Congrès, ce côté si intéressant de la question.

M. le Président désirerait consulter le Congrès sur une autre question qui a été soulevée par un membre du jury. Les expériences faites depuis l'ouverture du concours n'ont roulé que sur la Ramie blanche, *urtica nivea*; les merveilleuses tiges que M. Faure a été assez gracieux pour mettre à la disposition de ses collègues et concurrents sont de la Ramie blanche, les tiges plus petites provenant du semis d'Achères sont également de la Ramie blanche. Mais M. Rivière avait exprimé l'intention d'expérimenter la Ramie *tenacissima* et, d'autre part, M. Blanchereau affirme qu'elle existe en Chine en très grande abondance. Il semble qu'il y aurait deux sortes de Ramie utilisables, comme il y a deux sortes de blé, le blé dur et le blé tendre. Il faudrait donc aussi essayer l'*urtica tenacissima* qui peut-être a des propriétés spéciales. Le jury a émis l'avis que cette question est très intéressante et qu'il faudrait, dans tous les cas, demander aux divers gouvernements de faire faire des études sur la Ramie, sur ses diverses variétés. Le Congrès ne pense-t-il pas qu'il serait intéressant qu'on s'occupât de cette question, ne fût-ce qu'au point de vue de la Ramie *tenacissima*?

On dit que ce qui gêne dans la Ramie, c'est la quantité énorme de gomme qu'elle contient. Mais est-on sûr qu'il n'existe pas une autre urticée sans gomme et par conséquent plus facile à travailler?

J'en reviens toujours à ma comparaison avec le blé tendre et le blé dur. Il serait désirable de savoir si dans les pays qui possèdent, comme on nous le dit, de nombreuses variétés d'orties, il n'en existe pas une meilleure que la Ramie que nous utilisons.

Actuellement d'ailleurs, il faut bien le dire, c'est le hasard surtout qui préside à la culture de la Ramie, surtout quand on procède par la voie du semis. Il serait intéressant d'avoir des études complètes et scientifiques, pour ainsi dire, de ce produit. L'orateur pense que le gouvernement hollandais, qui, en matière d'horticulture et d'arboriculture, prend facilement toutes les initiatives, ne demanderait pas mieux que de se livrer officiellement à ces études. Cela semble résulter, dans tous les cas, des déclarations de M. le docteur Greshoff, de Haarlem, et nous sommes convaincus que M. Guillaume Voute, qui assiste également au Congrès, aiderait son compatriote à obtenir ce précieux résultat d'un gouvernement ami.

M. le Président rappelle un précédent : c'est d'un Congrès des télégraphistes que sont sorties les études admirables des savants néerlandais sur le caoutchouc et la gutta-percha.

M. Michotte : L'ortie donne les mêmes résultats que la Ramie, mais la pellicule est un peu moins forte. On a pu remarquer que dans certaines Ramies la pellicule est plus ou moins dure ; cela dépend souvent de l'endroit où elle est cultivée et de son ancienneté. Dans tous les cas, dans l'ortie la pellicule est moindre, mais la quantité de gomme est la même. Il a employé les mêmes procédés pour l'ortie que pour la Ramie, le dégommage est plus facile.

M. Michotte montre sa filasse.

M. Faure : Les déchets qui sortent de mes machines, mis dans un courant d'eau, sont dégommés au bout de quinze jours.

M. le Président : Messieurs, un certain nombre d'orties paraissent devoir appeler l'attention ; ne pensez-vous pas qu'il serait intéressant de faire des études sur les unes et sur les autres ?

M. Cornu se livre à une savante étude sur les diverses variétés d'urticées qui lui paraissent utilisables.

Il s'agit de savoir, conclut-il, si le Congrès est d'avis de faire étudier les diverses urticées. Nous demandons une plante industrielle ; il faudrait savoir si elle existe en dehors de celle que nous avons expérimentée.

M. Faure expose que la Ramie est différente selon le terrain où elle pousse ; il cite l'exemple de Sumatra.

M. Quellnatz, de Dresde et Leipzig : Certes le climat, l'humidité influent, mais puisqu'on parle des différentes orties il faut en présenter des échantillons. (Il les fait circuler.) Il s'agit de savoir quel est, au point de vue industriel, le meilleur de ces produits. Il regrette qu'on n'ait pas parlé davantage des procédés de dégommage.

M. le Président propose le vœu suivant :

« Le Congrès international de la Ramie, après avoir constaté les résultats remar-
« quables obtenus déjà avec les espèces de Ramie connues et utilisées actuelle-
« ment en industrie, émet cependant le vœu que les gouvernements fassent étu-
« dier les urticées textiles utilisées ou utilisables. »

Adopté à l'unanimité.

M. Rivière, rapporteur général, commente brièvement le vœu, qu'il approuve surtout en ce qu'il fait ressortir les résultats déjà acquis. Il a remarqué néanmoins que la Ramie blanche présente des difficultés que ne semble pas avoir l'*urtica tenacissima*. Il est donc en effet intéressant de signaler la Ramie verte parmi les urticées qu'il ne faut pas perdre de vue.

M. Michotte : Permettez-moi de vous rappeler, Messieurs, que M. Dodge a publié un ouvrage dans lequel un nombre considérable d'urticées sont étudiées. Rien qu'à l'Exposition d'ailleurs, dit-il, on en rencontre plus de 300 variétés, notamment à l'exposition de l'Ile Maurice, de la Guyane. Ce qu'il serait bon d'étudier, c'est le point de vue dynamométrique.

La discussion étant close sur ce point par le vote unanime du Congrès, on passe au décorticage en sec.

M. le Président : Y a-t-il un décortiqueur en sec qui demande la parole?

M. Marcou : Broyeur et décortiqueur en sec, j'invoquerai l'opinion de M. Martel sur les produits que j'ai tirés ce matin même devant lui de mes machines.

M. Martel : Le produit que M. Marcou a obtenu devant moi est utilisable tel qu'il est; il est filable, dans l'état même où il le produit, pour faire du fil commun dans les gros numéros; mais en le dégommant on peut faire des numéros fins.

M. Cornu : Combien M. Marcou peut-il fournir?

M. Marcou : De 80 à 100 kilos de filasse par journée de travail.

Il montre sa filasse, qui est généralement très appréciée par les industriels présents.

M. le Président : Combien employez-vous de servants?

M. Marcou : A grand débit, une femme et un homme.

M. le Président : On pourra continuer les expériences.

M. Marcou réitère les explications qu'il a déjà données dans une précédente séance; il y a deux machines, une déboiseuse et celle qui produit la filasse utilisable.

M. Rivière : Messieurs, vous avez vu l'importance que prend l'utilisation de la Ramie en sec; or il se trouve que le jury n'a pas cru devoir admettre aux expériences le procédé de M. Hébrard qui supprime, paraît-il, en grande partie le dégommage. Tout en protestant contre cette décision du jury, je demande au Congrès, qui est libre de son appréciation, de vouloir bien examiner le procédé de M. Hébrard. Le jury n'a pas cru devoir prendre en considération la demande de M. Hébrard parce qu'il se refuse à indiquer les secrets de son procédé, mais le Congrès n'est pas tenu à la même réserve.

M. Duponchel : Messieurs, vous avez certes remarqué l'absence de tous les procédés de dégommage ou de dépelliculage chimique. Cela tient à ce qu'il y a dans notre façon d'opérer un tour de main apparent que nous ne pouvons soumettre à l'appréciation sans courir le risque de perdre notre procédé. On vient dire : Montrez-nous ce que vous faites; mais ce n'est pas la même chose pour un chimiste que pour une machine qu'on peut breveter. Néanmoins on aurait pu examiner, sous certaines réserves, les procédés chimiques dans le Congrès, cela eût été très intéressant.

M. le Président : En ce qui concerne le jury, je puis dire seulement que M. Hébrard ne s'étant pas fait inscrire dans les limites voulues, son procédé ne pouvait être examiné. C'est une règle absolue dont le jury ne pouvait se départir. Mais le Congrès et son président seraient assurément très intéressés si M. Hébrard voulait bien montrer son produit.

M. Rivière : M. Hébrard avait pensé qu'il lui suffirait de se faire inscrire au dernier moment, il croyait que cela était convenu et qu'il aurait le droit d'être examiné par le jury. M. Rivière croit que M. Hébrard a tous les droits de montrer son travail au jury. Pour lui, il n'insiste pas. Il préfère d'ailleurs avoir l'opinion du Congrès.

M. le Président : M. Gavelle-Brière m'a prié d'être son interprète auprès de vous. Il m'a écrit deux lettres exprimant le regret que son état de santé ne lui permît pas d'assister à vos séances.

Parlant au nom du jury, M. le Président demande au Congrès de s'associer aux remerciements qu'il adresse à MM. Lacôte et Marcou, qui ont bien voulu s'occuper des installations du concours, et à M. Faure, qui a fourni la Ramie. On doit aussi remercier M. Rivière, rapporteur général, qui lui aussi a fourni la Ramie du Jardin d'essai du Hamma qu'il dirige si bien.

Ces *remerciements* mis aux voix sont *votés à l'unanimité*.

M. Hébrard, invité à montrer ses spécimens, en fait circuler.

On passe à la Ramie en vert.

M. Rivière : Messieurs, de grands progrès ont été accomplis par les machines à décortiquer en vert. Mais un grand défaut qui se manifeste trop souvent est de vouloir obtenir des fibres parfaites... M. Rivière analyse rapidement les résultats présentés par les machines Faure, Estienne, Micholte, Lacôte et Marcou dans le travail en vert. Il conclut : Une des questions les plus importantes est celle du dégommage. Le jury a examiné un dégommage unique alors que chacun a son procédé de dégommage. Il croit que, sur ce point, les études du jury ont été incomplètes.

M. le Président : Le résultat des travaux du jury sera publié et c'est alors seulement qu'ils pourront être discutés.

M. Chanteloube père, d'Alger, tient à faire une déclaration au nom de la culture algérienne : La culture de la Ramie, dit-il, ne peut être rémunératrice qu'autant que l'emploi industriel en est parfaitement reconnu pratique, et celui qui l'entreprend doit joindre les qualités d'agriculteur à celles d'industriel.

Actuellement, en Europe comme aux colonies, quel que soit le genre de culture qu'on fasse, elle doit, pour être rémunératrice, être faite non seulement industriellement, mais tendre à un but industriel.

En partant du principe fondamental : « Culture industrielle de la Ramie », on aurait pu depuis longtemps faire prospérer en Algérie cette industrie qui aurait été largement rémunératrice pour ceux qui en auraient été les premiers champions.

L'Algérie, par son climat, sa situation géographique et le bon compte de la main-d'œuvre, pourra peut-être un jour arriver à monopoliser le marché de la Ramie, pour alimenter le continent européen.

M. Rivière estime que le Congrès devrait indiquer nettement aux cultivateurs le profit qu'ils auront à tirer de la culture de la Ramie.

M. Faure demande qu'il se prononce catégoriquement sur la question de savoir si le problème de la décortication en vert est résolu et si l'examen des machines et de leur travail permet de dire que celui de la décortication en sec est également ment résolu.

La suite de la discussion est renvoyée à l'après-midi.

Les congressistes assisteront au préalable aux expériences de M. Hébrard.

Sixième séance.

Jeudi 11 octobre. — Après midi.

Après de nouvelles expériences et opérations sous le hangar du quai de Billy, les membres du Congrès ont repris séance à 3 h. 30 dans la salle des Conférences de l'Exposition coloniale.

M. Cornu préside, assisté de MM. Martel, vice-président, et Rivière, rapporteur général.

M. le Président tient à réparer une omission bien involontaire qu'il a commise dans la matinée. Il lui reste à remercier deux groupes de personnes auxquelles est dû en grande partie le succès du Congrès international de la Ramie : d'abord MM. Milhe-Poutingon et Marcou, qui ont organisé le Congrès et l'ont mené à bien jusqu'au bout avec un zèle et une activité auxquels il convient de rendre hommage. Ces messieurs ont poussé le dévouement jusqu'à rester à Paris pendant tout le temps des vacances pour préparer la seconde session et le concours; ils avaient assumé une lourde tâche, ils s'en sont acquittés à leur honneur et pour le plus grand profit de la cause de la Ramie. De vifs remerciements leur sont dus. M. le Président demande donc au Congrès de s'associer aux remerciements qu'il adresse à MM. Milhe-Poutingon et Marcou.

Ces remerciements sont *votés à l'unanimité*.

M. le Président: Le second groupe qu'il convient de remercier, Messieurs, c'est l'*Union coloniale*, cette grande institution qui contribue avec tant d'énergie et de bonheur à la mise en valeur de nos conquêtes coloniales et qu'on trouve à la tête de toutes les entreprises qui doivent aider à leur prospérité. L'*Union coloniale* nous a prêté le concours le plus précieux; elle a mis à notre disposition son immense publicité, son organisation, ses bureaux, son personnel, et, permettez-moi de l'ajouter, l'influence des hommes considérables qui s'intéressent à son œuvre patriotique. Le succès de notre Congrès pouvait paraître problématique; s'il a si bien réussi, c'est à l'*Union coloniale* que nous le devons. (*Applaudissements.*)

Messieurs, je vous propose de voter de chaleureux remerciements à l'*Union coloniale*.

Voté par acclamation.

M. Milhe-Poutingon est particulièrement touché des remerciements adressés à l'*Union coloniale française*, dont il est ici le représentant. Quant à lui, personnellement, il affirme modestement n'avoir été en quelque sorte que le maître de cérémonie de ce Congrès, ayant surtout été chargé des relations avec l'administration centrale. — C'est à ses collègues, MM. Marcou, qui ont eu la principale charge de l'organisation du concours, que doivent revenir les remerciments du Congrès.

M. Marcou remercie les membres du Congrès de l'avoir associé à M. Milhe-Poutingon dans l'expression de leur reconnaissance; il ajoute que c'est aux inspirations de MM. Cornu et Rivière, que leurs collaborateurs n'ont fait que suivre, qu'est dû le succès du Congrès et du Concours de la Ramie.

M. le Président: Messieurs, l'heure est venue de tirer les conclusions de nos discussions. La parole est à M. le Rapporteur général.

M. le Rapporteur général: De même que j'ai posé les bases de la discussion au début de nos séances, de même il m'appartient, d'après l'invitation de M. le Président, d'en tirer aujourd'hui les conclusions.

Nos discussions ont porté sur trois points: le travail en sec, le travail en vert et la situation économique de la Ramie.

Le travail en sec, qui semble appelé à trouver des débouchés considérables, paraît devoir s'approprier à des emplois particuliers qui n'exigent pas de dégommage chimique et permettent d'utiliser les fils dès leur sortie de la machine. M. Rivière cite l'opinion autorisée de MM. Gavelle-Brière, Martel et des autres filateurs qu'on a entendus au cours de ce Congrès. Le travail en sec donne de la lanière défibrée qui pourrait servir à la fabrication du linge de table ordinaire, par exemple. Mais faut-il avoir recours à des modifications mécaniques qu'on nous a fait entrevoir, grâce à des assouplisseurs ou assouplisseuses? Il semble, d'après divers essais, qu'on ait obtenu des fils beaucoup plus souples et, par conséquent, d'une utilisation presque supérieure, en les soumettant au travail mécanique de l'assouplisseur. Peut-être serait-il intéressant d'avoir l'opinion du Congrès sur cette question : Pense-t-on qu'on puisse obtenir en industrie des fils utilisables sans passage à une seconde machine? Pense-t-on, dans tous les cas, que le passage à cette seconde machine donnerait des résultats meilleurs? En d'autres termes, une seconde action mécanique serait-elle de nature à supprimer le dégommage chimique?

M. Marcou : Je ne comprends pas la question. Si elle s'adresse aux filateurs, je rappellerai que M. Gavelle-Brière n'a parlé que de l'utilisation du travail en sec par le simple peignage.

M. Rivière : Il s'agit de savoir si nous avons affaire à un produit défibré. Admettons, si vous voulez, que je prenne votre machine comme un type excellent, pensez-vous qu'il n'y aurait pas lieu pour la compléter d'avoir recours à l'action complémentaire d'une autre machine?

M. Michotte : M. Gavelle-Brière s'est contredit lui-même. Certains produits n'ont pas besoin d'être assouplis. Des filateurs ont dit : La lanière doit être assouplie, mais la filasse peut être travaillée directement.

M. Rivière : Je tiens à bien préciser. Je prends comme type de bon travail en sec la machine Marcou et je me demande si le produit obtenu directement par cette machine n'a pas besoin d'une seconde opération qui lui enlève une partie de sa gomme en laissant les fibres plus désagrégées. Cette sorte de dégommage mécanique n'est-elle pas nécessaire? M. Marcou pourrait-il me répondre? Faut-il une ou deux machines?

M. Marcou : On sait bien que nous employons deux machines, je l'ai expliqué et montré à plusieurs reprises : une déboiseuse et une défibreuse. Vous supposez qu'il en faudrait une troisième : une assouplisseuse. Or, MM. Gavelle-Brière, Martel, Picavet ont déclaré que le produit sortant de notre seconde machine, la défibreuse, est immédiatement utilisable.

M. Rivière : Peut-on par une simple machine présenter un produit immédiatement utilisable, ou faut-il une seconde action mécanique? Un procédé chimique de traitement préalable, une sorte de rouissage, ne suffirait-il pas, ainsi que cela est proposé par plusieurs inventeurs?

M. Marcou : Je ne crois pas qu'il soit possible avec le procédé Hébrard, par exemple, d'obtenir un produit immédiatement utilisable par le passage à une seule machine.

M. Rivière : Le ruban cortical ne peut pas être peigné directement. Il faut une seconde action mécanique. Nous en avons l'exemple par la machine Marcou, qui paraît nous soustraire à une première action mécanique trop brutale.

M. Faure : Mais, Messieurs, nous n'avons vu qu'un joujou de laboratoire et nous n'avons pas vu de machine industrielle. Je m'attendais à voir une machine donnant d'emblée le produit et permettant de l'utiliser à 70 francs les 100 kilos, je ne l'ai pas vue. Le problème reste entier. Nous reculons de vingt-cinq ans en arrière. La machine Favier faisait un travail très complet; mais il paraît que la matière n'était pas utilisable. Aujourd'hui on dit les fibres utilisables, mais elles ne sortent pas.

M. Michotte : Je n'ai pas à soutenir la machinerie Marcou, mais je constate néanmoins qu'il y a déjà un grand progrès sur la machine à laquelle M. Favier a consacré dix ans de sa vie et beaucoup d'argent sans arriver à rien. En ce qui concerne le travail en sec, pour moi MM. Gavelle-Brière et Picavet ont donné des appréciations vagues sur des expériences plus vagues encore.

M. Rivière : Je pose la question générale : Avons-nous vu une machine donnant d'emblée un produit défibré immédiatement utilisable ?

M. Marcou : Mais, Messieurs, notre défibreuse donne ce produit. Le produit que nous avons travaillé est celui que demandent les filateurs, il est immédiatement utilisable en industrie. Français, Belges, Allemands, Suisses, tous nous ont dit qu'il était immédiatement utilisable. Nous donnons de 80 à 100 kilos par jour...

Une discussion assez vive s'engage entre les divers fabricants de machines.

M. Marcou : Ce que je puis affirmer, c'est que tous les filateurs qui ont vu mon produit l'ont déclaré immédiatement utilisable. S'ils ont tort, tant pis pour moi ; mais ils doivent connaître leur affaire, et s'ils ont raison, l'avenir de la Ramie en sec est assuré.

M. le Président refait l'historique de la Ramie en sec. Il rappelle qu'il faisait partie du jury en 1889, et que M. Fremy lui-même était pour M. Favier. Si en 1891 on a abandonné la Ramie en sec, c'est qu'on n'avait pas trouvé le moyen de la décortiquer en sec et c'est pourquoi depuis lors elle est restée dans l'ombre. Pourtant M. Favier avait eu pour lui des banquiers considérables et le Ministère lui-même. C'est M. Favier qui avait la haute main sur toute la Ramie ; c'est lui qui conduisait tout. Depuis lors on peut dire qu'il a eu une attitude modeste, excellente, semblant attendre des événements ce qu'il n'avait pu produire lui-même ; et si, sans doute, quelqu'un a été étonné du nouveau succès de la Ramie en sec, c'est bien M. Favier lui-même.

Divers : Mais on ne nous a produit que des affirmations.

M. Rivière : Pardon, Messieurs ; soyons justes. On arrive avec un principe de machine qui peut parfaitement donner des résultats. M. Marcou nous présente, il est vrai, une sorte de joujou, un appareil d'horlogerie ingénieux sans doute, mais qui ne peut sous sa forme actuelle donner des résultats industriels.

Maintenant peut-être arrivera-t-on à le perfectionner, à l'industrialiser, si j'ose m'exprimer ainsi. Dans tous les cas, le produit est parfait, au dire des industriels. Ils se sont prononcés sur les résultats immédiats qui sont satisfaisants, ils ne peuvent se prononcer sur la suite puisqu'il faut arriver à produire une quantité... industrielle du produit. Notre collègue M. Promio, qui connaît bien la question et a des relations dans le monde de la filature, quoique restant bouche close en ce moment, a de très intéressants résultats du travail en sec. M. Duponchel nous a présenté un travail très intéressant puisqu'il peut nous faire voir des produits remarquables en linge, etc., obtenus par son procédé. Jusqu'à présent nous vivions sur l'idée que la Ramie en vert était la seule utilisable. Les industriels nous demandent de la Ramie en sec, il faut chercher à leur en procurer, puisqu'il y a déjà des indications qui permettent de l'obtenir assez facilement.

M. le Président : Il est certain, Messieurs, qu'il y a dans la question Ramie un renouveau dont nous devons tenir grand compte.

M. Faure : Comme affirmations, mais pas comme fait.

M. Marcou : Comment il n'y a pas de faits ? Mais, Messieurs, vous avez vu nos machines présenter des produits que l'industrie déclare immédiatement utilisables ; il me semble que c'est un fait, cela ! M. Faure — qui est intéressé dans la question — prétend qu'il ne peut pas se prononcer, que le Congrès n'a pas les éléments suffisants... ; moi je pense qu'il les a !

M. Rivière : Voyons, Monsieur Marcou, pensez-vous que votre système appliqué en grand puisse vous donner les mêmes résultats comme produit ? Actuellement, vous devez en convenir vous-même, le rendement est trop faible. Votre machine est une indication, pouvez-vous la transformer en outil industriel?

M. Marcou : M. le Rapporteur général emploie la formule exacte, mais je puis répondre ceci : quel que soit l'état actuel de production, le principe mécanique est établi... et il ne l'était pas jusqu'à ce jour.

M. le Président : On pourrait se mettre d'accord sur un point. Un poids trop faible a été soumis aux expériences. Il faudrait les recommencer sur des poids considérables. Nous pourrions les tenter l'an prochain, en saison convenable, en plein champ, à pied d'œuvre, sans être gênés par le public. On pourrait demander au Ministre du Commerce de faire renouveler les essais, avec une publicité plus grande. D'ici là la machine Marcou pourrait être perfectionnée et donner, en grand, les résultats qu'elle ne fait qu'indiquer actuellement.

M. Estienne croit que M. Marcou arrivera à traiter en grand la Ramie décortiquée en sec, mais il craint que le produit ne soit énervé.

M. le Président : Il serait désirable, en effet, qu'on arrivât avec des pièces d'étoffes toutes faites en Ramie décortiquée en sec pour compléter pratiquement les affirmations de M. Gavelle-Brière et des industriels.

M. Faure : Je constate dans tous les cas qu'au lieu de nous trouver en face d'expériences concluantes, industrielles, nous n'avons trouvé qu'un appareil de démonstration.

Je souhaite, d'ailleurs, que les résultats dans l'avenir soient plus heureux.

M. Marcou : M. le Président demande à voir des pièces d'étoffes toutes faites en Ramie sèche. M. Lacôte a un gilet en Ramie sèche. Avec nos machines travaillant en grand, nous avons fait une filasse et un tissu qui ont permis d'établir ce gilet; on peut faire plus.

M. Rivière : Des industriels du Nord ont déjà examiné ces produits par la machine sans dégommage et ils ont déclaré qu'ils refusent absolument le vert, que le sec est seul acceptable pour leurs industries qui peuvent le transformer en fils n° 40 et même 45, avec des habiletés de filature.

M. le Président : C'est véritablement là le fait nouveau. C'est la question du lin et de la Ramie, et comme on dit vulgairement, — bien que l'expression puisse être renversée puisque la Ramie est supérieure au lin, — faute de grives on prend des merles.

M. Estienne proteste au nom du travail en vert et reprend la comparaison entre la situation il y a vingt ans et la situation d'aujourd'hui.

M. le Président : La question se pose aujourd'hui d'une toute autre façon.

M. Rivière : L'idée qui sort de nos démonstrations est qu'il faut avoir recours à une seconde machine pour défibrer. Il y a vingt ans nous avons passé à côté de la question. Eh oui ! il faut bien le dire, parce qu'à cette époque nous n'avions pas l'idée de la défibration : on ne cherchait mécaniquement que la décortication ou lanière corticale entière revêtue de ses gommes et de son épiderme. Or, on nous a montré aujourd'hui des machines qui donnent la défibration, c'est-à-dire une désagrégation assez complète des fibres entre elles par une grande perte de gomme à l'état pulvérulent : il y a là un progrès considérable.

Une nouvelle discussion s'engage entre MM. Faure, Michotte, Estienne et Marcou.

M. Marcou : Puisque les personnes qui sont ici admettent qu'elles n'ont en vue que de satisfaire à l'industrie de la filature, pourquoi ne pas s'en rapporter aux personnes compétentes, à ceux dont c'est le métier et qui viennent vous dire que ce produit leur convient ? Il me semble que la conclusion logique des expériences et des délibérations est celle-ci : le travail en sec a été demandé par toute la filature. Elle a voulu du travail en sec, on lui en a fourni et les expériences ont donné des produits immédiatement utilisables.

M. le Président : Il est incontestable qu'il y a chez les filateurs une demande de Ramie en sec. On peut constater cela.

Voulez-vous voter sur cette question ?

Adopté à l'unanimité.

M. le Rapporteur général tient à poser une seconde question : D'après ce que nous avons vu, peut-on produire des lanières immédiatement utilisables ? Il a fallu deux machines pour arriver à ce but, mais on y est arrivé. Est-on d'avis de constater ce résultat qui a une importance considérable parce qu'il supprime le dégommage chimique ?

Approbation.

Donc une seconde opération doit être faite. Veut-on formuler cette idée en termes précis ?

Rédaction proposée : « Pour assouplir ou dégommer mécaniquement, il est « nécessaire d'employer deux machines, et le Congrès international de la Ramie « a constaté que des indications mécaniques très intéressantes ont été produites « dans ce but par MM. Lacôte et Marcou. »

Adopté.

M. le Rapporteur général : Avec la décortication en vert, on obtiendra des produits de belle qualité et d'une grande résistance. Comme succédané du lin on ne peut pas dire que la Ramie doive être ravalée au rang du lin ordinaire, car les produits qu'elle donne sont plus beaux et semblent appelés à faire surtout des articles de luxe et même de résistance à l'usage. Je citerai comme exemple les services de table de la Compagnie transatlantique.

Le linge de lin faisait soixante voyages : le linge en Ramie en a supporté 100 et 120 et figure encore à l'inventaire.

Maintenant, doit-on pour cette raison chercher dans le traitement en vert exclusivement l'utilisation de la Ramie ? Comme cultivateur on serait porté à la rechercher plus particulierement parce que le traitement en vert évite beaucoup de travail, mais il ne faut pas être exclusif, en présence surtout de la demande de sec provenant de la filature de lin.

Le traitement en vert donne une fibre beaucoup plus belle et beaucoup plus douce que la fibre en sec : l'idéal serait de conserver à la Ramie sa beauté initiale. Alors le produit serait payé plus cher au cultivateur.

La Ramie en sec ne peut fournir que des fils 40 ou 45 au plus.

En résumé, la Ramie occupe, on peut le dire, actuellement, une place spéciale. Faut-il marquer une préférence pour la Ramie en vert ou pour la Ramie en sec ?

M. le Rapporteur examine la question sous ces deux faces, au point de vue industriel et au point de vue agricole.

Au point de vue agricole, il serait tenté de se prononcer pour le vert qui exige un moindre travail et offre des prix plus rémunérateurs. Il examine les divers procédés :

En première ligne, une imitation remarquable du China-grass par la machine Faure. Produit parfait obtenu d'emblée. Mais on fait le reproche à la machine de ne donner que 30 kilog. par jour, ce que beaucoup jugent insuffisant. D'autres pensent que le produit n'est pas suffisamment défibré pour être immédiatement utilisable. Enfin ce produit n'a-t-il pas un inconvénient au point de vue du dégommage, en ce sens que les gommes sont lissées sur le faisceau fibreux?

M. le Président : M. Faure a montré que dans l'eau les fibres se dissolvent et que d'autre part elles se dégomment à l'air libre, ce qui est précieux, car M. Cornély disait que la nécessité de l'autoclave constitue un obstacle insurmontable dans les pays chauds.

M. Michotte s'élève contre cette assertion. M. Cornély ne l'a pas prouvée, et quant à lui, il a vu employer l'autoclave en Algérie pour une foule d'usages, notamment la charcuterie. Il explique le système de l'autoclave.

M. Faure : Les cultivateurs peuvent faire le dégommage à l'air libre.

M. Rivière : Un système en vert qui a attiré particulièrement notre attention est celui de M. Estienne. Son but était de rechercher une lanière fortement grattée et défibrée, beaucoup d'industriels pensant qu'on éviterait ainsi l'emploi d'un bain chimique trop actif. Cependant, M. Duponchel ayant trouvé que la lanière presque défibrée est un obstacle pour son procédé, ce matin même, la machine Estienne, par une modification instantanée, a fait un ruban cortical non défibré absolument parfait. Elle peut donc servir au travail industriel de l'un et l'autre procédé. M. le Rapporteur général conclut que le système en vert pratiqué par la machine Estienne peut donner les meilleurs résultats comme quantité et qualité et que d'autre part M. Faure peut donner du China-grass parfait, ne demandant pas d'autre procédé de dégommage que celui en usage.

M. Faure : J'approuve absolument cette définition. L'acheteur a besoin de ces explications et le cultivateur saura désormais ce qu'il doit donner.

M. Rivière : Je pose en principe : « L'industriel qui s'occupe de la Ramie peut « faire du China-grass. » — On est en possession de China-grass confectionné par la machine Faure.

M. le Président : Je mets aux voix cette formule : « Actuellement il existe une « machine qui peut faire de très bon China-grass. »
Adopté.

La deuxième proposition qui vise la machine Estienne serait la suivante : « Il « existe une machine qui peut donner de la lanière dépelliculée parfaitement « désagglutinée ou défibrée, déboisée et bien parallèle. »
Adopté après une courte discussion entre MM. Rivière et Cornu sur l'appropriation des termes : désagglutiné ou défibré.

M. le Président : Passons à la machine Michotte.

M. Rivière : M. Michotte a une machine à grand travail, cela est vrai, mais il a peut être eu le tort de passer à sa machine 80 tiges au lieu de 40 ; il a eu un butteur qui ne tramait plus, il n'a pu débiter le tiers de ce qu'il aurait pu faire normalement ; ses résultats sont donc de 5 à 6 % inférieurs à ce qu'on pouvait attendre ; néanmoins il a donné des lanières parfaitement parallèles et employables pour certaines industries. Le produit de la machine Michotte serait aussi employable par la papeterie ; les fibres sont parallèles et sans fibres cassées ; on ne voit pas pourquoi elles ne seraient pas employables pour la filature aussi bien que les autres, après le dégommage ou autre action.

Il faut rendre justice à M. Michotte. Il a voulu faire des tours de force. S'il s'était contenté, avec son procédé de travail qui a l'avantage d'être très simple, de placer des tiges bien étalées, en nombre suffisant mais pas trop considérable, il aurait donné des résultats probablement très bons. M. Faure ne fait passer que peu de tiges à la fois...

M. Michotte a cherché à produire, non du China-grass, mais de la lanière. A 80 tiges, le produit étant le même, si dans sa machine il ne passait que 40 tiges au lieu de 80, il aurait un produit beaucoup plus beau; mais M. Rivière désire savoir ce que M. Michotte fait des produits sortant de sa machine.

M. Michotte : Je les passe à l'autoclave et j'obtiens des produits identiques au lin russe.

M. Michotte montre ses produits.

M. Rivière, rapporteur général, avant d'aborder quelques considérations d'économie générale de la question qui se sont dégagées dans les discussions du Congrès, rappelle qu'en dehors des machines figurant au concours, plusieurs de nos collègues ont des procédés divers de traitement de la Ramie qu'ils n'ont pas cru devoir présenter et sur lesquels ils sont sobres de détails. Cependant il ressort des produits qu'ils nous ont montrés et des quelques indications qu'ils nous ont données que leurs applications spéciales ne sont pas sans intérêt.

Le traitement de la tige verte ou sèche, préalable à tout travail mécanique, a préoccupé quelques chercheurs, et c'est ainsi que M. Hébrard, notamment, est devenu l'inventeur d'un rouissage de la tige entière permettant la facile défibration dans un simple outil broyeur en usage pour le lin ou pour le chanvre.

Ce premier travail de ce genre, quel qu'il soit, n'est pas sans intérêt, suivant l'avis de certains industriels qui pensent qu'il permet d'obtenir des fibres utilisables sans le secours du dégommage.

On sait que, dans le même ordre d'idées, pour obtenir d'emblée une bonne filasse, notre collègue M. Promio est partisan du séchage des tiges et que par la dessiccation absolue, qu'il croit non seulement possible mais facile, il obtient d'emblée, par l'outillage ordinaire du lin, un très beau produit apprécié par l'industrie du Nord notamment, en ce sens qu'il se rapproche du lin de belle qualité.

Le séchage sur place, en plein air, peut être facilité par une simple opération qui consiste dans l'écrasement des tiges vertes, ainsi que l'ont expérimenté MM. Duponchel et Rivière en Algérie. Un rapide passage à l'étuve suffit ensuite pour amener les lanières à la siccité absolue.

D'autre part, on sait que M. Duponchel, qui nous a donné souvent de précieuses indications, a modifié heureusement un brevet dont l'application consiste à agir d'abord chimiquement sur la tige entière ou sur la lanière corticale non désagrégée : il obtient ainsi une désagrégation complète des fibres. Son procédé doit s'appliquer à l'alimentation d'une usine spéciale qui travaille déjà le China-grass et dont le Congrès a sous les yeux les remarquables produits tissés. Quelques articles fort beaux ont pour origine, non le China-grass, mais de la Ramie des cultures du Caucase où la plantation s'étend grâce aux efforts de notre collègue M. Cloquemin.

Tous ces produits, de préparations différentes, sont, en résumé, fort beaux bien appropriés au but visé et démontrent la qualité de la fibre qui se prête aisément à des manipulations diverses, qui ont tendance à se simplifier.

Sur la question d'économie générale, M. Rivière continue ainsi son exposé :

Au point de vue agricole, la Ramie peut être produite facilement dans les milieux de convenance et l'on ne saurait admettre les prétentions exagérées de certains agriculteurs sur le revenu net à l'hectare qu'ils imposeraient.

En ce qui concerne la petite exploitation, M. Faure a donné des chiffres intéressants, fort admissibles et de contrôle facile, mais la Ramie est une culture qui doit se faire, au moins dans la première phase de la question, sur de grands espaces et avec des ressources suffisantes.

Ainsi que l'a admis sagement le Congrès, c'est d'abord aux groupements financiers et industriels qu'il appartient de fonder des noyaux de production dans les régions favorables ; ensuite on fera appel aux agriculteurs, s'ils ne viennent d'eux-mêmes.

L'agriculture recule au début devant une difficulté qui n'en sera pas une demain : c'est la mise de fonds de premier établissement nécessaire à la création d'une plantation quelque peu importante. Il est vrai que cette dépense est élevée à cause du prix des plants. Mais cette objection ne résistera pas quand des noyaux de 15 à 20 hectares et plus même, établis dans de bonnes régions culturales, pourront facilement et économiquement diffuser des plants par des éclaircis non préjudiciables à la plantation mère. Alors, au lieu de simples petits rhizomes de longueur restreinte, on plantera des *éclats de souche* qui, à la fin de la première année de plantation, avant même, donneront déjà une récolte appréciable.

L'industriel a intérêt à avoir les produits d'une même culture, produits homogènes et obtenus par un travail déterminé, ce qui n'est pas le cas du China-grass dans le commerce actuel : les qualités en sont différentes suivant les origines et la nature des préparations qu'il a subies, de là des résultats dissemblables à la filature, au tissage et à l'usage.

Le Congrès, poursuit M. Rivière, a donné à l'agriculture de bonnes bases d'appréciation du rendement en établissant que dans les pays tempérés, en terres arrosées, on pouvait faire trois belles coupes représentant 3.000 kilogs de filasse estimée 700 francs la tonne, soit environ 2.000 francs de revenu brut à l'hectare, mais que ce rendement pouvait être largement dépassé dans les pays tropicaux à fortes pluies et à grands arrosements.

En résumé, le prix de revient est subordonné à la simplicité et à l'efficacité du traitement et doit varier nécessairement avec la qualité et la destination du produit.

Les sociétés qui se sont fondées seulement pour l'exploitation d'un brevet ne sont pas actuellement dans la bonne voie : elles ont perdu en frais généraux des sommes considérables qui eussent été mieux employées à la culture de quelques hectares qui auraient permis de présenter au commerce autre chose que des échantillons de laboratoire. Ces cultures primordiales auraient aussi permis, par une extension rapide, de suffire aux premiers besoins d'une industrie.

Au début de la question qui rentre enfin dans une voie pratique, il ne faut pas oublier qu'il y a une partie de la France, une région particulièrement indiquée pour ces premiers essais : c'est l'Algérie littorale de l'Ouest, mais cela n'exclut pas en même temps toutes tentatives de culture dans l'Indo-Chine, qui sera un des pays de grande production de la Ramie, pour ne parler que des possessions françaises.

Cette esquisse de plan général d'exploitation de la Ramie s'applique également aux pays étrangers qui s'intéressent si vivement aux précieux textiles, si nous en jugeons par la présence des hautes personnalités à ce Congrès.

M. le Rapporteur général conclut donc que la question a fait un pas considérable du moment que l'industrie admet que la Ramie, telle qu'elle est présentée par de nombreux échantillons que nous avons sous les yeux, peut déjà trouver son emploi dans la filature, à côté des beaux-lins.

Ce résumé reçoit l'approbation unanime du Congrès.

M. le Président : Le Congrès est-il assez édifié sur l'état d'avancement de la question ou pense-t-il recommencer l'an prochain, avec les installations faites au milieu des champs et pendant plus longtemps, les expériences faites cette année?

M. Michotte : Si nous prenons cette décision, on dira que la question Ramie n'a pas fait un pas.

M. le Président : Mais on ne pensait pas qu'on pouvait obtenir du China-grass et on en a obtenu.

Ce qu'il faudrait voir, c'est comment se comportent les machines en travaillant pendant huit ou dix heures par jour pendant deux ou trois jours. M. Michotte lui-même aurait intérêt à ce qu'on fît de bonnes expériences.

Je vous propose d'émettre un vœu dans ce sens. (Approbation unanime.)

M. Faure : Messieurs, je propose mon propre champ d'expérience. Si l'on veut nommer une commission qui veuille venir expérimenter pendant tout le temps qu'elle le désirera, à une époque favorable, des machines à décortiquer, je suis prêt à la recevoir.

M. le Président : Il est certain que nous avons constaté cette année le manque de Ramie et qu'il serait bon d'encourager, du même coup, la culture à s'adonner à sa production.

M. Rivière ne se rallie à cette proposition que si elle n'infirme pas les résultats obtenus actuellement et si elle n'est considérée que comme un perfectionnement à poursuivre dans cette industrie comme dans d'autres.

M. Estienne dit que, pour la production de la Ramie, il vient de se fonder en Algérie une société familiale qui s'adonnera à la culture de la Ramie, et que la même idée est préconisée dans d'autres pays.

M. Milhe-Poutingon rappelle les difficultés qu'a éprouvées la commission d'organisation pour se procurer de la Ramie à l'état frais.

Plusieurs membres profitent de l'occasion pour solliciter des remerciements en faveur du Comice agricole d'Alger qui a fait une très remarquable exposition de Ramie à laquelle ont pris part tous les intéressés, agriculteurs et industriels.

Ces remerciements sont votés à l'unanimité.

M. le Président met aux voix le vœu qui doit terminer les opérations du Congrès international de la Ramie :

« Le Congrès international de la Ramie constatant, à la suite des expériences qui ont eu lieu pendant sa seconde session, qu'un pas considérable a été fait ; se félicitant des progrès accomplis et des résultats acquis tant au point de vue agricole qu'au point de vue industriel ; enregistrant les demandes de l'industrie qui, en présence de la crise linière, estime que la Ramie peut remplacer le lin et se prête même dans certains cas à la fabrication d'articles plus beaux et plus résistants,

« Émet le vœu :

« Que l'agriculture exotique s'adonne à la culture de la Ramie, dont elle trouvera un bon placement;

« Que les gouvernements l'encouragent dans la mesure du possible et prennent l'initiative d'essais en grand qui permettent de faire marcher les machines pendant plusieurs jours et procurent aux inventeurs les moyens de compléter leurs expériences. »

Ce vœu final mis aux voix est *adopté à l'unanimité*.

M. Faure tient, avant que la séance soit levée, à remercier M. Rivière du concours qu'il lui a toujours prêté dans ses travaux sur la Ramie, concours qu'il a d'ailleurs prêté à tous ceux qui s'occupaient de cette question.

M. Rivière, rapporteur général : Messieurs, je suis très sensible aux paroles que vient de prononcer M. Faure, se faisant l'interprète de beaucoup. Notre honorable collègue veut bien reconnaître que depuis trente ans je me suis toujours mis au service de chacun, qu'il veuille travailler en sec ou en vert, et cela gracieusement et sans parti pris. Je n'ai fait que mon devoir. Les inventeurs ont trouvé au Jardin d'Essai d'Alger toutes facilités pour leurs travaux et ils peuvent les y continuer.

Je suis heureux de constater qu'après tant de labeurs le moment arrive où la Ramie sous ses deux formes doit trouver une place dans l'industrie, qui utilisera ainsi les produits de notre agriculture coloniale.

Les opinions émises et les offres faites par les filateurs du Nord principalement ne laissent plus d'équivoques : la Ramie correspond à un besoin qui pourrait s'accroître avec la crise du lin. Dans un avenir très prochain, sans doute, agriculteurs et industriels trouveront leur compte dans la production et l'utilisation de ce précieux textile : l'industrie tend la main à l'agriculture, l'une précise à l'autre ses besoins, et elles s'entendent toutes deux pour y suffire.

C'est là, Messieurs, le résultat le plus tangible de ce Congrès : le contact amiable, mais heureusement intéressé, de l'industrie et de l'agriculture. (Approbation unanime.)

M. le Président : Messieurs, personne ne demande plus la parole?

Je déclare close la seconde session du Congrès international de la Ramie de 1900.

————————※※————————

LE CONCOURS TEMPORAIRE
D'APPAREILS A DÉCORTIQUER LA RAMIE

En même temps que se tenait la 2e session du Congrès international de la Ramie, s'ouvrait à Paris un Concours temporaire également international d'appareils à décortiquer de la Ramie.

Le jury de ce Concours avait été désigné par l'arrêté suivant du Commissaire général de l'Exposition Universelle :

ARRÊTÉ

Le Commissaire général de l'Exposition Universelle de 1900 ; sur la proposition de la Direction générale de l'Exploitation ; vu le décret en date du 4 août 1894, instituant une série de concours temporaires, et notamment l'article 84 ; vu l'arrêté ministériel en date du 1er septembre 1900, instituant un Concours de Ramie ;

Arrête :

ARTICLE UNIQUE. — Sont nommés membres du Jury international du Concours temporaire de la Ramie :

Membres français :

M. Cornu, professeur au Muséum d'histoire naturelle de Paris, président du Congrès de la Ramie ;

M. Balsan, ingénieur des Arts et Manufactures, député de l'Indre ;

M. Bessoneau, industriel à Nantes ;

M. Capus, docteur ès-sciences, directeur du service de l'Agriculture de l'Indo-Chine française ;

M. Dupont, ingénieur directeur de la fabrication des billets de la Banque de France ;

M. Gavelle-Brière, secrétaire général du Comité limier du Nord de la France ;

M. Haller, professeur de chimie industrielle à l'Université de Paris ;

Dr Heckel, professeur à la Faculté des sciences de Marseille ;

M. Imbs, professeur de tissage au Conservatoire des Arts et Métiers ;

M. Martel, délégué de l'Association générale des tissus au Congrès de la Ramie ;

M. Müntz, membre de l'Académie des sciences, professeur au Conservatoire des Arts et métiers ;

M. Ringelman, directeur de la station d'essais des machines à l'Institut national agronomique ;

M. Rivière (Charles), directeur du Jardin d'essais du Hamma, rapporteur général du Congrès de la Ramie ;

M. Rivière (Gustave), directeur du laboratoire agronomique de Versailles ;

M. Urbain, ancien assistant au Muséum.

Membres étrangers :

M. le Dr Warburg, professeur, juré allemand ;

M. Ishiward, juré japonais ;

M. Jose Segur, juré mexicain ;

M. Greshoff, sous-directeur du Musée colonial de Haarlem, juré néerlandais ;

M. Dodge, directeur du département de l'agriculture des États-Unis, juré américain ;

Sir Thiselton Dyer, directeur des Jardins royaux de Kew, juré anglais ;

M. Blanchereau (Jules), ingénieur agronome, membre de la Société des agriculteurs de France, juré chinois.

Paris, le 26 septembre 1900.

A. Picard.

Cinq systèmes d'appareils différents ont été présentés et ont fonctionné sous les yeux du jury : quatre d'entre eux traitant la Ramie en vert, un seul la traitant à l'état sec.

I. — Traitement de la Ramie en sec

Machines Lacôte et Marcou frères.

MM. Lacôte et Marcou présentaient seuls des machines travaillant le textile à l'état sec. Ils présentaient également une machine travaillant en vert.

Convaincu que le traitement en sec était le procédé le plus important au point de vue industriel, M. Lacôte après avoir établi une seule machine pour obtenir le produit recherché de l'industrie, s'est rendu compte des avantages pratiques et économiques que présentait la division du travail.

Machine à déboiser. Lacôte-Marcou (1er type).

Machine à déboiser perfectionnée.

Il créa alors la machine à déboiser et la machine à faire la filasse.

1. *Machine à déboiser.* — Cette machine se compose :

a) de deux rouleaux qui entraînent la tige en même temps qu'ils l'écrasent ;

b) d'un concasseur rotatif venant jouer sur une table fixe ;

c) et de 2 croisillons faisant fouettage pour débarrasser la tige de sa chenevotte.

La surface occupée par cette machine est à peine de 1 mètre carré, la force nécessaire de 1 cheval vapeur et le poids de 60 kilos environ.

La lanière obtenue est entièrement déboisée, sans cassure, absolument droite. Le rendement est d'environ 400 à 500 kilos par jour.

Cette machine est simple, robuste, facilement transportable, peut même marcher à bras.

2. *Machine à faire la filasse.* — Cette machine, mue par un seul mouvement, ne possède aucun engrenage.

Les pièces principales sont :

Un triturateur mobile venant battre sur une sorte de table élastique et réglable à volonté.

Surface occupée : 1 mètre carré.

Force : un demi-cheval vapeur.

Poids : 60 kilos environ.

Après passage de la lanière dans la machine, la pellicule a disparu, les fibres sont complètement désagglutinées : le produit peut être immédiatement peigné sans aucune autre préparation préalable ; elle est directement utilisable en filature.

Machine à faire de la filasse, Lacôte-Marçou (1er type).

Machine à faire de la filasse
perfectionnée.

II. — TRAITEMENT EN VERT

1. — *Machine Lacôte - Marcou.*

Le décorticage en vert pouvant être considéré comme le complément du traitement à l'état sec, MM. Lacôte et Marcou n'ont pas négligé ce côté de la question.

Dans le travail en vert, les tiges devant être traitées à pied d'œuvre, sitôt après la coupe la machine China-grass de MM. Lacôte et Marcou frères est faite d'une simple poupée servant de support à un arbre sur lequel est monté un cylindre en fonte à ailettes. Ce cylindre vient battre sur une table fixe mais réglable et a pour but de concasser en même temps que de gratter.

Machine à China-grass, Lacôte-Marcou.

Cette petite machine ne cube pas plus de 0,60, pèse environ 40 kilogrammes, prend 1/2 cheval vapeur.

Son rendement est d'environ 80 kilogrammes, d'un produit assez semblable au China-grass, mais de préparation bien supérieure, car un seul bain, même à air libre, suffit pour en extraire la filasse propre à faire les fils les plus fins.

Cette machine peut, par un réglage spécial, faire la simple lanière non dépelliculée, produit également demandé sur le marché.

MM. Lacôte et Marcou frères ont donc cherché à donner à l'industrie textile tous les produits que celle-ci peut demander.

2. — *Machine Estienne* La Gauloise.

La machine *La Gauloise* enlève simultanément le bois et la pellicule. Elle décortique la Ramie en vert, mais ne brise pas les fibres et les laisse intactes sur toute leur longueur, conservant ainsi leur parallélisme naturel et fournissant une fibre régulière et inaltérée. Enfin, sa production est satisfaisante et la force qu'elle absorbe minime, puisque pour un cheval-vapeur environ, *La Gauloise* peut débiter 10 kilogrammes de tiges vertes par minute, ce qui correspond, suivant l'origine, la variété et la qualité de la Ramie, à 400, 500, 1.000 et

1.200 grammes de filasse séchée. La Ramie de Cochinchine donne, en effet, ce dernier rendement, transportée en France, mais il est vraisemblable qu'on en obtiendrait mieux au pays de production. On peut donc estimer que, pour une journée de dix heures, on obtient de la nouvelle machine de 270 à 720 kilogrammes de filasse sèche.

Les organes caractéristiques de la machine sont les suivants : une enclume, un batteur muni de lames, et rouleau élastique. Les tiges sont brisées et déboisées entre l'enclume et les lames du batteur, puis immédiatement raclées et débarrassées de la pellicule, entre ces mêmes lames et le rouleau élastique.

Machine « La Gauloise ».

Parmi les organes complémentaires, nous remarquons, d'abord, deux rouleaux d'alimentation, placés à l'extrémité d'une table et devant l'enclume, qui saisissent les tiges et les débitent à une vitesse d'environ 0^m,35 par seconde. Ces tiges passent alors sur l'enclume, puis entre cette enclume et les lames du batteur. Il advient alors que toute la partie dépassant l'enclume est broyée par le choc des lames qui chassent le bois et ne laissent que la filasse à laquelle adhère encore la pellicule.

Le déboisage effectué, chaque lame saisit la lanière d'écorce et la force à passer entre elle et une toile sans fin enveloppant le rouleau élastique mentionné plus haut. La lame s'imprime dans la toile sans fin et racle la lanière d'une façon continue sans racler la toile, parce que cette lanière a seulement une vitesse de 0^m,35, comme les rouleaux d'alimentation, tandis que la lame et la toile ont l'une et l'autre une même vitesse d'environ 3^m,85. L'écorce est forcément raclée, car elle ne peut être entraînée, maintenue qu'elle est par la pression des cylindres d'alimentation, qui agissent comme un laminoir sur la partie non encore décortiquée.

Le nombre des organes de la machine *La Gauloise* est réduit à un minimum; de plus, elle est construite de telle façon que le démontage et le réglage soient

7

a fois faciles et rapides. Pour en visiter l'intérieur, il suffit de dévisser deux écrous à oreilles montés sur reports, et tout en maintenant le rapprochement des rouleaux d'alimentation, relever le châssis articulé sur pointes qui supporte le rouleau supérieur. Elle est donc d'une manœuvre facile.

3. — *Machine Michotte* La Française.

Cette machine, parue en 1889, a innové le type des machines à *mouvement direct*.

Machine « La Française ».

La machine modèle 1900 est le résultat de dix années d'essais et de perfectionnement; elle est le quinzième et *définitif* modèle de *La Française*.

Elle est à mouvement lent, ce qui lui permet de traiter de 40 à 80 tiges par passage normal, avec un seul homme pour la charge et un enfant à la décharge, soit de 250 à 300 tiges à la minute, soit de 1.000 à 1.500 kilogr. par heure. Elle est la seule machine *qui donne ce détil et effeuille mécaniquement les tiges*.

Elle pèse 350 kilogrammes et cube seulement un demi mètre cube.

Elle travaille les *tiges vertes* munies de leurs feuilles.

Elle est *simple*, légère et, par suite, peu coûteuse et facilement transportable.

Elle est à *batteur élastique* et ne brise nullement les lanières.

De plus, toutes les pièces de la machine sont visibles et peuvent être retirées immédiatement par le démontage de quatre écrous.

Elle est toujours prête à fonctionner au moteur ou au manège.

La machine traite indifféremment toutes tiges vertes, avec ou sans feuilles vertes ou sèches, des plantes suivantes: *Ramie, Chanvre, Jute, Ortie, Kendir*, ou analogues.

Le changement d'un organe lui permet de travailler les feuilles d'*Ananas, Bananier, Aloès* et *Yucca*, ou analogues, de 0,02 d'épaisseur maximum.

Prix de la machine complète, 800 francs.

Organe permettant de traiter l'Ananas, etc., 50 francs.

4. — *Machine Faure.*

La machine de M. Faure à Limoges donne un produit estimé supérieur au « China-grass ».

Cette machine se compose en principe d'un batteur et d'un contre-batteur, organes généralement appliqués dans toutes les machines.

Mais où gît la caractéristique de l'invention de M. Faure, c'est dans la manière toute spéciale et fort ingénieuse dont il utilise le jeu de ces organes. Le travail de déboisage s'opère en combinaison d'un travail de ripage, et ce dernier est d'autant plus effectif qu'il est dépendant d'une action vibratoire que donne naturellement un contre-batteur reposant sur des appuis élastiques.

Les vibrations sont synchroniques des coups de palette du batteur dont le nombre est de 6.600 à la minute.

Les tiges de Ramie plongées dans la machine sont immédiatement déboisées et dépelliculées; un mouvement de retour les épure : on voit alors sortir de toute la longueur de la tige des fibres droites, parallèles.

L'action du mouvement de retour s'effectue automatiquement par le jeu ingénieux d'un câble sans fin s'enroulant sur des poulies et opérant en combinaison d'un cuir également sans fin mais effectuant dans son parcours des mouvements divers qui empêchent l'enroulement des lanières.

Ces dernières sortent à jet continu et, mises bout à bout, formeraient un ruban de 9 kilomètres par journée de 10 heures de travail.

Le nombre de tiges décortiquées atteint 15.000 du poids de 1.500 kilos et le poids des lanières séchées peut atteindre 45 kilos.

Machine Faure.

La machine est cotée pour une production pratique de 30 kilos.
La force absorbée est de 1 cheval-vapeur.

Le jury du Concours temporaire, après avoir élu comme président M. Maxime Cornu et comme secrétaire, M. Imbs, a fait, pendant plusieurs séances, travailler sous ses yeux les divers appareils concurrents. Ceux-ci étaient approvisionnés de Ramie verte et sèche provenant du jardin d'essai du Hamma ou des cultures de M. Faure aux environs de Limoges, de MM. Lacôte et Marcou à Melun et Orléans. Les produits obtenus ont été confiés à l'examen de M. Imbs pour les analyses complémentaires.

M. Ringelman, directeur de la Station d'essais des machines, a décrit, d'autre part, les appareils concurrents dans le compte rendu suivant :

« Les essais du concours international, institué au quai Debilly par l'arrêté du 1er septembre 1900, n'ont pu avoir lieu que le 9 octobre. Le jury était présidé par M. Maxime Cornu, professeur-administrateur du Muséum.

Les machines étaient présentées par :
MM.

A. Estienne, 22, place Vendôme, Paris (The Anglo French Ramie Machine Company);

P. Faure, 21, place du Champ-de-Foire, à Limoges (Haute-Vienne);

Lacôte et Marcou frères, 10, rue du Débarcadère, Paris;

F. Michotte, 21, rue Condorcet, Paris.

Machine Estienne. — L'organe principal est constitué par un batteur A (fig. 1), garni de 20 battes radiales *a* taillées en biseau mousse. Les tiges effeuillées sont placées sur une table horizontale B, formée de tasseaux en bois *b*; elles passent, suivant la flèche 1, entre des lames verticales *c* en tôle, qui constituent ainsi une série de goulottes permettant d'alimenter le batteur A sur toute sa largeur. Les tiges sont prises par deux cylindres alimentaires *d e*, l'axe du cylindre *e* étant fixé à la garde en tôle *t* pouvant tourner autour du point *o* et rappelée vers le cylindre *d* par deux ressorts dont on peut modifier à volonté la tension à l'aide d'un écrou-à oreilles R. Les cylindres *e* et *d* donnent une pression suffisante pour assurer l'alimentation sans chercher à écraser préalablement les tiges.

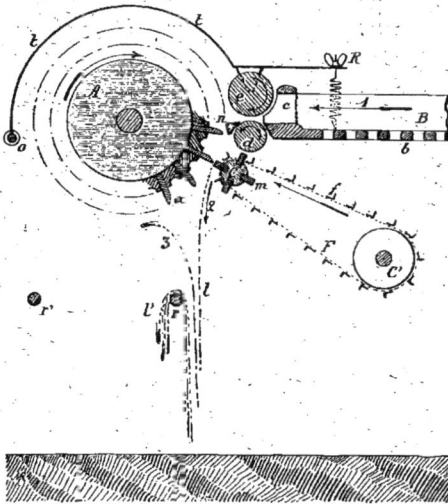

Fig. 1. — Machine Estienne.

Le batteur A ploie les tiges contre une pièce fixe *n*, appelée enclume, et les envoie suivant la flèche 2. En dessous de la table d'alimentation se trouve une chaîne sans fin F, formée de deux courroies reliées de place en place par des petits fers cornières *f*, taillés en biseau mousse; la chaîne est entraînée par le cylindre C garni de quatre battes *m* qui, logées dans des génératrices pourvues de ressorts, peuvent se rapprocher de l'axe du cylindre C; la chaîne sans fin F, tournant dans le sens indiqué par la flèche, passe sur un cylindre fou C'.

Des engrenages communiquent les vitesses angulaires voulues aux pièces A *d e* C ; la vitesse à la circonférence des cylindres alimentaires *d* *e* étant de 0^m33 par seconde, celle des battes *a* est de 3^m85. Les vitesses de A et de C sont combinées pour assurer le dépelliculage qui doit s'effectuer des deux côtés des lanières : à cet effet, la transmission des mouvements est telle que chaque batte *a* passe devant une batte élastique *m* et qu'entre deux battes *a*, c'est un des fers *f* qui racle l'autre face de la lanière pour en assurer l'enlèvement complet de la pellicule.

La lanière dépelliculée s'étale suivant la position *l*, puis, quand le bout de la tige est abandonné par les cylindres *e* *d*, elle s'échappe suivant la position 3 et tombe en *l'*, à cheval sur un transporteur (1), constitué par un gros câble sans fin (dont on voit la coupe en *r* *r'*, qui se déplace, dans le plan horizontal, entre deux poulies).

La machine, très bien combinée par M. Estienne, ancien mécanicien en chef aux Messageries maritimes, est d'une excellente construction (2) ; la marche est silencieuse et l'uniformité de son travail peut se constater au bois cassé en fragments réguliers d'environ 4 millimètres de longueur.

Machines Faure. — M. Faure, dont la construction avait été très remarquée lors des essais de Genevilliers, en 1891, présente trois machines d'une fabrication irréprochable ; cet ingénieur a abandonné la grande production grossière

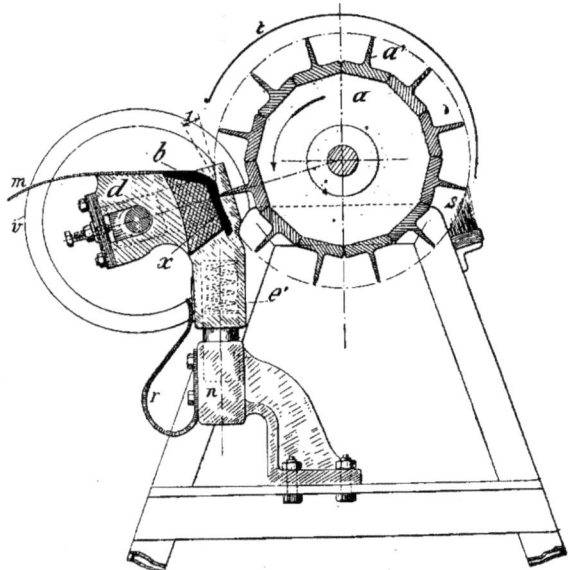

Fig. 2. — Coupe de la machine Faure.

pour faire le china-grass. Les machines sont basées sur le même principe : l'une, dite de démonstration, est destinée aux essais ; les deux autres, de plus grandes

(1) Nous avions vu le principe de ce transporteur appliqué à la machine Faure, lors des essais de Genevilliers en 1891.
(2) La machine est construite par M. Michel Puy, de Marseille.

dimensions, concourent au même travail qui se fait en deux fois sur chaque poignée de deux ou trois tiges.

L'organe principal (fig. 2) est constitué par un batteur a (550 tours par minute), pourvu de 12 battes a' formées de fer à simple T, dont l'arrête travaillante est mousse. En avant se trouve un contre-batteur x garni d'une plaque de cuivre $b\,x$ qui se raccorde avec une table d'alimentation $b\,m$; ce contre-batteur, appuyé par un ressort r, est articulé en d, repose sur un ressort e' ou sur un bloc de caoutchouc maintenu par la monture n du bâti. Le mode de suspension indiqué permet au contre-batteur $b\,x$ de s'animer d'un mouvement vibratoire au passage des battes a', mouvement qui contribue à assurer le dépelliculage des lanières. Un excentrique à volant v permet de régler l'écartement 1 du contre-batteur suivant la grosseur des tiges à travailler; le contre-batteur est concentrique au batteur. — Un brosse fixe S et une garde en tôle t complètent la machine dont la marche est silencieuse; le batteur a est directement entraîné par une poulie calée sur son axe.

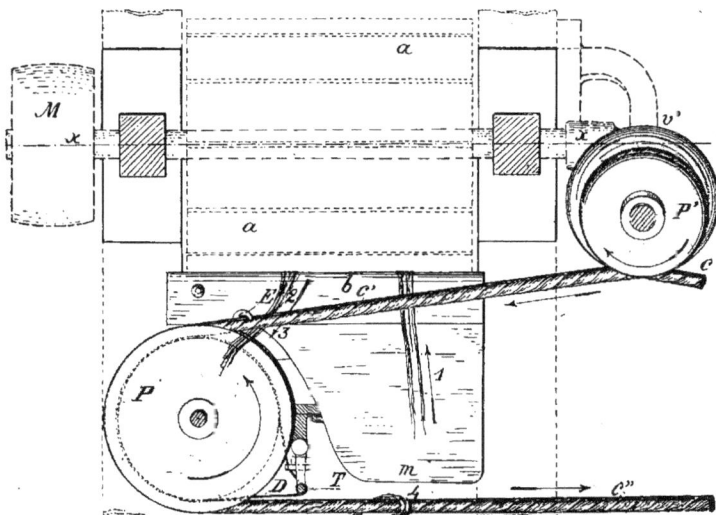

Fig. 3. — Plan de la machine Faure.

En travail régulier, deux machines placées dos à dos sont employées : dans la première un ouvrier passe le pied des tiges pour les décortiquer sur une longueur de 0^m30 à 0^m40, puis il les retire et les donne au deuxième ouvrier, placé derrière lui, alimentant la seconde machine; ce dernier, tenant le parquet par les lanières libres, introduit les tiges par leur pointe et les accroche à l'appareil chargé d'en effectuer le mouvement de retour et de sortir les lanières de la machine, en leur faisant subir une certaine torsion. En plan, le principe de cet appareil peut être représenté par la figure 3, dans laquelle a représente la projection du batteur et $b\,m$ celle de la table d'alimentation solidaire du contre-batteur. Lorsque l'ouvrier a introduit en 1, les tiges de toute leur longueur non décortiquée, il déplace le pied (travaillé par la première machine) vers le crochet fixe E afin de le prendre entre un câble sans fin à section circulaire CC' C'' et une courroie sans fin D tendue par T dans la gorge d'une poulie folle P, qui tourne dans le sens indiqué par la flèche : le brin 2, fortement pincé entre C' et D est rappelé, sort de la machine suivant 3 pour occuper ensuite la position 4; dans ce travail, il se produit une compression de la lanière qui lui donne un très bel aspect. Vers le point C" une palette fixe, héliçoïdale, enlève la lanière du câble et la laisse tomber sur un transporteur constitué par une large courroie horizontale. (Dans une installation industrielle, ce transporteur, recevant les lanières fournies par une batterie de machines, les conduirait à une étuve où on monterait un aéro-condenseur Fouché.) — On voit en P' la poulie conique de commande du câble C C' C" (passant entre C" et C sur une poulie folle non représentée dans le dessin); cette poulie P', à axe incliné, est mise en mouvement par une vis sans fin calée en v' sur l'axe x, du batteur a, qui porte en M la poulie sur laquelle passe la courroie de commande.

Machines Lacôte et Marcou frères. — 1° *Machine à china-grass*; cette machine simple se compose d'un batteur en fonte A (fig. 4), tournant en porte-à-faux au-dessus d'un contre-batteur B en cuivre; le batteur A est pourvu de 10 battes a et le contre-batteur, maintenu par des ressorts b peut vibrer lors du travail; des vis de réglage permettent de déterminer son écartement suivant la grosseur des tiges à travailler. L'ouvrier fait quatre opérations par paquet de deux à trois tiges : il les décortique en deux fois et à chaque fois les fait passer suivant la flèche 1, puis les rappelle à lui en tirant suivant la flèche 2 (1).

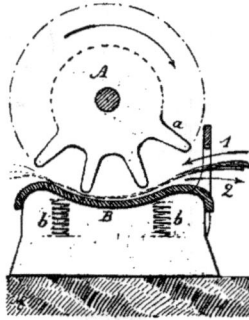

Fig. 4. — Machine à China-Grass (Lacôte et Marcou frères).

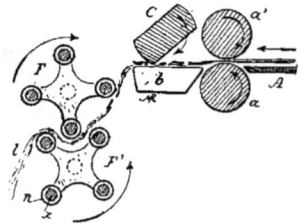

Fig. 5. — Déboiseuse (Lacôte et Marcou frères).

2° *Machine pour travailler en sec.* — A l'extrémité de la table d'alimentation A (fig. 5), se trouvent deux cylindres alimentaires à surface lisse a a'; les tiges passent sur une table fixe b au-dessus de laquelle tourne un *concasseur* C méplat (c'est une tranche de cylindre); enfin les lanières sont prises entre deux fouetteurs F et F', formés chacun de battes n (tubes de cuivre pouvant tourner sur des axes x constituant les génératrices de F et de F'). Nous verrons que cette machine, travaillant des tiges bien sèches, donne des lanières l très bien déboisées.

Machine Michotte. — Les tiges, étalées en grand nombre sur la table T (fig. 6), sont prises par les cylindres alimentaires a et b, poussées au batteur A qui les travaille sur le contre-batteur B. La pièce A est formée de deux disques réunis

---

(1) Il a été déclaré au jury que le premier brevet avec contre-batteur non élastique a été pris par M. Berthet; le premier brevet à batteur élastique et vibratoire appartiendrait à M. Faure.

par douze génératrices *n* en fer rond, autour desquelles peuvent tourner librement des fers *f* qui constituent les battes ; ces dernières, sous l'action de la force centrifuge, tendent à prendre une direction radiale. Ajoutons que ce modèle d'essai n'était pas bien réglé, ne tournait pas à une vitesse suffisante et prenait plus d'énergie que le moteur pouvait en fournir.

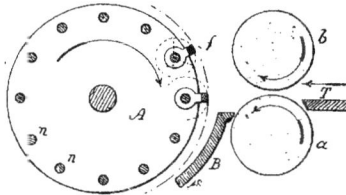

Fig. 6. — Machine Michotte.

Machine à faire de la filasse, de MM. Lacôte et Marcou frères. — Cette machine travaille les lanières déboisées en sec, fournies par la machine de la figure 5. Les lanières arrivent suivant *l* (fig. 7) et passent entre deux mâchoires horizontales : l'une A, mobile, animée d'un rapide mouvement alternatif communiqué par un excentrique E (calé sur un axe vertical) et une tige *t* ; l'autre B, fixe, dont on peut régler la position par une vis à volant V. Les mâchoires A et B sont

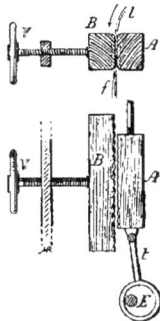

Fig. 7. — Principe de la machine à faire de la filasse (Lacôte et Marcou frères).

en bois dur, garnies de petites stries ou cannelures verticales ; la lanière *l* sort en *f* à l'état de très belle filasse et la gomme s'échappe en grande partie sous forme de poussières. Ajoutons que le jury n'a pu voir fonctionner qu'un petit modèle démonstratif, ce qui explique le faible débit constaté.

Pour ses expériences, le jury ne disposait que de très petites quantités de tiges : Ramie de Limoges, ayant huit et quatre jours de coupe ; ramie d'Achères coupée le matin même ; enfin de très belles tiges de ramie sèche provenant d'Algérie. Voici les indications relevées sur les matières premières.

Tiges.	RAMIE DE	
	Limoges.	Achères.
Longueur.......	2m.05	1m.20
Diamètre moyen	0m.011	0m.010
Poids moyen...........	0k.100	0k.068
Poids moyen du mètre de tige...	0k.0487	0k.0566

Les machines ont travaillé des poids variant de 5 à 15 kilos de diverses tiges ; afin de rendre les résultats comparables, nous avons ramené, par le calcul, les différents chiffres au travail de 100 kilos de tiges vertes, à celui de 20 kilos de tiges sèches (1) et à 1 kilo de filasse ; les résultats sont consignés dans le tableau suivant :

	TRAVAIL DE 100 KIL. DE RAMIE VERTE					
	de Limoges.			d'Achères.		
Machines.	Temps employé.	Lanières fraiches.	Lanières dans les déchets.	Temps employé.	Lanières fraiches.	Lanières dans les déchets.
Estienne (fig. 1) (2)..............	17'40"	28ᵏ33	0	21'40"	23ᵏ00	0
Le bois laissé dans les pieds de lanières, d'après le travail des machines Faure et Lacôte, peut être estimé à.	»	7.70	»	»	4.40	»
Faure (fig. 2) (3).................	45'13"	8.10	12.66	43'	5.10	13ᵏ40
Lacôte (fig. 4) (4)...............	2ʰ15'33"	11.80	6.40	1ʰ35'	10.10	7.90
Michotte (fig. 6) (5).............	58'20"	20.06	?	48'20"	19.90	?

Travail de 20 kilogrammes de ramie sèche.
Machine Lacôte (fig. 5) :

Temps employé..................................... 30 minutes
Lanières obtenues (6)............................ 6ᵏ480
Lanières dans les déchets................... 0

Travail de 1 kilogramme de lanières sèches.
Machine Lacôte (fig. 7) :

Temps employé...... .... 6ʰ57'
Filasse obtenue (7)................................. 0ᵏ833

Sauf les décortiqueuses Estienne et Michotte, les pièces travaillantes des autres machines ont une trop grande longueur pour ne travailler que quelques tiges à la fois.

Les temps indiqués précédemment correspondent au travail utile ; en pratique, il est prudent de compter sur un travail utile de quarante-cinq minutes par

(1) On admet, en effet, que 100 kilos de tiges fraîches donnent 20 kilos de tiges sèches.
(2) Très belles lanières qui conservent environ 0ᵐ04 de bois dans le pied ; le pied des tiges avait été préalablement coupé de 0ᵐ15 environ.
(3) Très belles lanières de china-grass ; les tiges ont été poussées entières ; le temps constaté aurait pu être diminué si les deux machines avaient pu être placées dos à dos comme le demande le constructeur ; les résultats obtenus ici, confirment l'attestation délivrée le 4 août 1909 par le docteur Schulte : 52 kilos de tiges fraîchement coupées ont été travaillés en 23 minutes et ont donné 3 kil. 820 de lanières admirablement décortiquées, valant le plus beau china-grass. — On passe environ 3 tiges à la fois. — Dans l'essai de la ramie d'Achères, 4 tiges, abandonnées par l'ouvrier, ont passé dans les déchets.
(4) Très belles lanières.
(5) Lanières emmêlées, contenant du bois des lanières très divisées, passent aux déchets et on n'a pu les retirer ; la machine, comme nous l'avons vu, n'était pas en régime régulier (vitesse et puissance).
(6) Très bien déboisées, le bois est coupé par morceaux réguliers de 4 à 5 centimètres de long.
(7) Très belle filasse.

heure, le reste étant perdu par les ouvriers pour les repos et les divers arrêts courants.

A l'heure actuelle, les machines donnent de très belles lanières, mais leur débit est bien faible.

Le Jury a été très reconnaissant à MM. Lacôte et Marcou de s'être occupés de l'installation du concours, et à M Faure qui lui a permis de disposer de sa ramie.

Les lanières obtenues ont été dégommées par les soins de M. Urbain ; on doit les faire expertiser et ce n'est qu'après avoir réuni ces éléments que le jury doit s'occuper du classement.

DÉCISIONS DU JURY

A la suite de ce Concours, le Jury a rendu les décisions suivantes :

« Le jury, examinant les temps employés respectivement pour fournir des *lanières dégommées sèches*, en déduit la production à l'heure à :

15 kilogrammes pour la machine Estienne ;
4 kil. 200 pour les deux machines Faure ;
6 kil. 500 pour la machine Lacôte et Marcou, spéciale pour le sec.

D'autre part, le jury rapprochant de ces rendements les qualités des filasses dégommées, conclut comme suit :

Travail en vert. — 1° En ce qui concerne la machine Estienne, la filasse bien qu'amoindrie en valeur par des résidus de bois et de pellicule est encore bien utilisable, et la large production qu'elle fournit paraît au jury mériter l'attribution d'une médaille d'or à cette machine.

2° En ce qui concerne la machine Faure, la production est faible, mais la qualité des lanières et de la filasse est l'équivalent du China-grass, c'est-à-dire aussi parfaite qu'on puisse le désirer, et le jury décerne de même à cette machine une médaille d'or.

Travail en sec. — 3° Enfin, en ce qui concerne la machine Lacôte et Marcou, pour le travail en sec, la filasse est sans déchirures, quoique certainement amoindrie en valeur par des résidus de bois et par la pellicule restée intégralement dans les lanières et provoquant en outre une teinte brune spéciale du produit dégommé, mais cette filasse est encore bien utilisable. D'autre part, la production de la machine est sérieuse et le travail en sec, pour lequel elle convient, intéresse certaines régions de culture et permet une utilisation continue toute l'année, ce qui la rend très économique. En conséquence, le jury décide de décerner également à cette machine une médaille d'or.

En conséquence, le Jury a attribué les récompenses suivantes :

RÉCOMPENSES
du concours temporaire d'appareils à décortiquer la ramie

1er **Prix**. — *Médaille d'or* : M. ESTIENNE, pour sa machine travaillant en vert et produisant des lanières divisées.

1er **Prix**. — *Médaille d'or* : M. FAURE, pour son imitation parfaite du *China-Grass*.

1er **Prix**. — *Médaille d'or* : MM. LACOTE et MARCOU FRÈRES, pour leur machine travaillant en sec. »

TABLE DES MATIÈRES

PARIS. — IMPRIMERIE F. LEVÉ, 17, RUE CASSETTE.

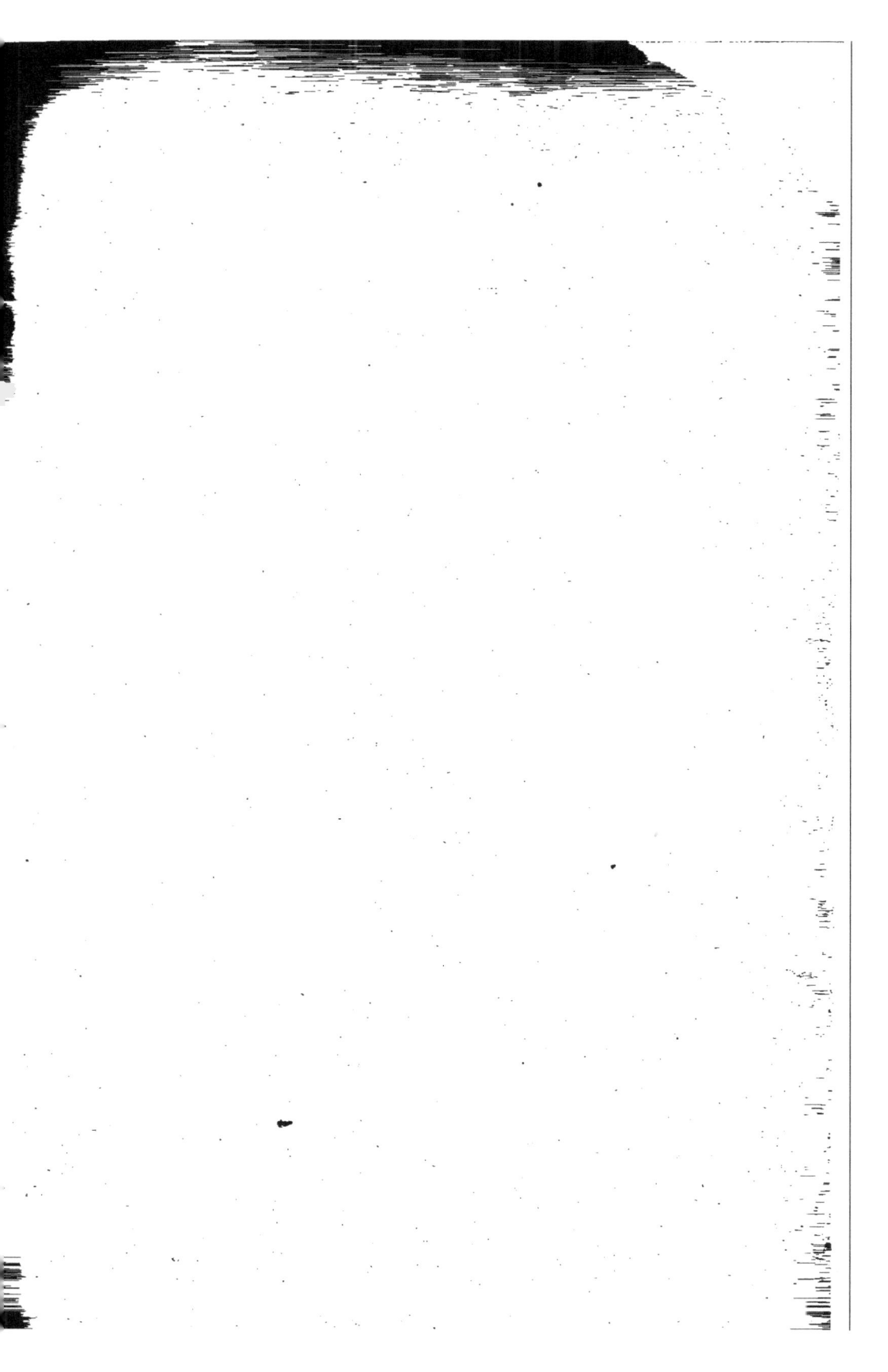

REVUE

DES

CULTURES COLONIALES

PUBLIÉE SOUS LA DIRECTION

DE

A. MILHE-POUTINGON

Docteur en Droit
Directeur du Service de l'Afrique et des Antilles à l'Union Coloniale Française,
Président de la Section de Colonisation à la Société nationale d'acclimatation de France.

ABONNEMENTS

Un an : France, 18 fr. » — Recouvré à domicile, 18 fr. 50

Colonies et Union Postale, 20 fr. » *(Payement d'avance.)*

PRIX DU NUMÉRO : 1 Fr.

(Un numéro spécimen est adressé gratuitement sur demande)

Les abonnements sont souscrits pour l'année entière et partent

du 1er Janvier et du 1er Juillet.

La *REVUE DES CULTURES COLONIALES* parait à Paris le 5 et le 20 de chaque mois.

Adresser tout ce qui concerne les abonnements et la publicité à

L'Administration DE LA « *REVUE DES CULTURES COLONIALES* »

PARIS, 44, rue de la Chaussée-d'Antin, PARIS 9ᵉ

PARIS. — IMPRIMERIE F. LEVÉ, RUE CASSETTE